PSYCHOLOGY
WORKS WELL

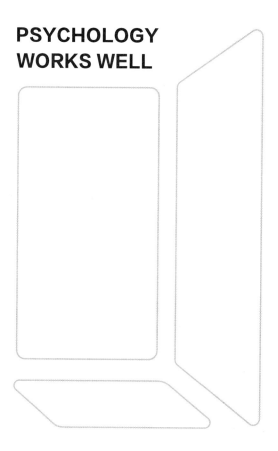

心理学真好用

洪震宇 Ryan ＿＿＿＿＿ 著

四川文艺出版社

各界专家联名推荐

知名作家与主持人
蔡康永

知名作家
侯文咏

政治大学心理系兼任副教授
修慧兰

启宗心理咨询所
林世莉

火星爷爷 / 火星学校创办人
许荣宏

SHOPPING99 & 女子学创办人
彭思齐

人资小周末社群创办人
卢世安

华人艾瑞克森催眠治疗学会理事长
蔡东杰

果麦文化 出品

目 录

i   自序

3   第一节 行动力不够，是因为信心不足

9   第二节 心想事成的"自我预言实现法"

16   第三节 如何建立亲和感，让人对你印象深刻？

25   第四节 你真的懂我吗？小心沟通背后的隐藏信息

33   第五节 你收到"我想亲近你"的邀请了吗？

41   第六节 伴侣相处之道

47   第七节 读懂对方真正的想法

第一章
知己知彼的社会心理学

目 录

56　第一节　影响一生幸福的生涯发展阶段

61　第二节　建立信任与安全依附的婴幼儿期发展

67　第三节　儿童期是建立自尊、自信和人际关系的关键期

75　第四节　寻求独立与生涯探索的青少年期

80　第五节　安身立命与自我实现的成人发展

87　第六节　快乐银发族：传承与放下的老年期

92　第七节　那些生命中的"重"与应对之道

第二章　发展心理学与人生地图

96　第一节　探讨知觉、记忆、学习理解、语言、推理决策
　　　　　　和问题解决的认知心理学

105　第二节　从神经语言学看我们感知的世界

114　第三节　演出你的幸福剧本：戏剧、戏剧治疗与幸福人生

123　第四节　内在潜意识的无限可能：谈催眠引导与回溯

129　第五节　色彩心理学与生活

138　第六节　音乐心理学与音乐疗愈

第三章　认知心理学与感知心理学

目 录

146　第一节　提高工作满意度

154　第二节　去除沟通障碍，建立深刻互动

162　第三节　良性冲突是有建设性的

168　第四节　让自己表现良好的情绪管理哲学

178　第五节　面对压力与调适压力

188　第六节　创造组织中的正能量

199　第一节　从积极心理学谈乐观的学习

206　第二节　从积极心理学谈快乐人生

214　第三节　打造幸福力的时间线

221　第四节　从故事中得到疗愈：叙事、隐喻与自由书写

230　第五节　专注在"你现在在做什么"的现实治疗学派

236　第六节　从"你想要的未来"找到解决之道

243　第七节　阿德勒心理学与重构生命风格

245　第八节　锻炼正念觉察，帮助你拥有应对挑战的定力

第四章　积极正向的职场心理学

第五章　迈向圆满人生的助人心理学

自序

2020年，一场疫情让全世界都经历强烈的震荡与冲击。生、死、病、苦，让人对人生存在的意义与价值有了更深的反省与思考，也让人更珍惜现有的幸福美好。

在大学时，我选择的是心理学专业，课后和教授的谈话往往能让我茅塞顿开，让我将生硬的理论在生活中转化运用。对我来说，这是很宝贵的学习经验。也因此，我认为心理学必须要实用、能落实在生活中、能解决生活上的问题，这样的心理学才是有感觉、有生命的。

我现在的职场角色，是企业培训讲师与心理咨询师。每当我想到自己的人生定位，心中浮现的是"帮助华人生涯幸福发展"的心理学工作者，也期许自己能成为一个对社会有所贡献的心理学家。很高兴，一路走来，目标越来越清晰。

心理学是以科学方法研究"人是什么"，所以涵盖的范围很广，从现象背后的哲学与科学思考，到为什么这个人在这个场合会这样说话，都有很严谨的推理与观察实验，也有很多轻松有趣的小练习。从弗洛伊德最让大众耳熟能详的精神分析、荣格的阴影与集体潜意识，到同理心、性格心理学、实验心理学、认知心理学、发展心理学、临床心理学、心理测验，再到工商心理、组织心理、教育心理、广告心理、消费者心理、使用者经验、犯罪心理、运动心理、健康心理学等都与我们的生活息息相关，只要是有人的地方、有人关心的主题，就可以衍生出许许多多的心理学领域。

而这些当代的心理学领域，大致可分为基础心理学和应用心理学。

基础心理学主要研究心理学中一般通用的原则，而应用心理学则是从既定的基础向生活层面中延伸，以求解决生活或工作上的实际的问题。

我一直认为，不管什么学问，最重要的是要实用，就像神经语言学中有句名言：方法真正有用，比"到底是什么原因造成的"更重要。每一种心理学都可以延展出很多内容，但距离大家的日常生活还是会有点距离。所以，就别管这些理论框架了吧！我们来了解一些心理学课本提到或没提到的事，来学习一些对大家应该有帮助的心理学。

在广大的心理学范畴中，我挑选了与生活息息相关的社会心理学、发展心理学、认知心理学、职场心理学、助人心理学等来和大家分享。社会心理学，是掌握人际互动与整个大环境脉络的关键；发展心理学，则让我们看到每个人如何建构生涯发展蓝图；认知心理学，关于人们怎么看待这个世界，我又加入了自己诠释的神经语言学架构、戏剧世界、音乐、色彩与潜意识世界，与之互相呼应；职场心理学，是关于提升工作满意度与职场效能的方法；各种实用的助人心理学，则协助读者们跳脱局限，彻底强化行动力。

因为篇幅有限，希望这本书能成为一粒种子，让读者朋友们对心理学有个初步认识，帮助大家在个人成长、家庭生活和职场互动等方面活用心理学，做自己的人生教练，既能有效发挥潜力，又能获得幸福生活，活出心想事成的每一天！

书中所提到的案例内容，皆经过调整，并没有单一的个人例子，如有雷同之处，纯属巧合。

第一章

知己知彼的
社会心理学

第一节
行动力不够，是因为信心不足

第二节
心想事成的"自我预言实现法"

第三节
如何建立亲和感，让人对你印象深刻？

第四节
你真的懂我吗？
小心沟通背后的隐藏信息

第五节
你收到"我想亲近你"的邀请了吗？

第六节
伴侣相处之道

第七节
读懂对方真正的想法

社会心理学主要探讨我们每个人的想法、感觉、情绪、行为等，是如何被其他人以及自己所处的社会情境、人际关系和团体所影响的，包括与身边某个家人、朋友的相处互动，参与不同的社交圈、社群（同学会、同乡会、粉丝团等）、团体组织（公司、部门、项目群），甚至社会中的大型活动或现象（各种集会、快闪、流行风潮、口号或食物等）。

　　社会心理学探讨和关心的主题很广泛，主要聚焦在人际交往层面。譬如朋友间的人际关系、沟通、冲突、偏见、伴侣亲密关系、利他行为、团队合作、个人领导力、社会现象、潮流趋势等，都是与我们日常生活经验息息相关的内容，也会影响到我们每天的日常行为，乃至对自己的生活与工作的满意度、幸福感等。所以从很多人关心的怎样让人对自己印象深刻、如何有效沟通、冲突如何化解，到更了解自己和自己扮演的角色、职场中同事相处或主管与下属互动的模式、社会事件、媒体现象等，都是社会心理学会触及的范围。

第一节

行动力不够，是因为信心不足

　　"理想"中的自己和"真实"的自己，往往有落差。仔细觉察自己受什么基模影响，才能排除负面干扰，增强正面影响。将大目标拆解成小目标，从每个小成功开始累积，散发自信光彩。

强大的基模影响力

你是否曾有过类似下面的经历？

- 明明知道考试很重要，但总是拖到最后一刻才准备；

- 很喜欢一位异性朋友，但一直都没有采取行动；

- 当主管交办一项很艰巨的任务时，第一时间就是眉头深锁，觉得很困难；

- 抱怨现在的工作不理想，却迟迟没有开始寻找新的工作机会；

- 想要创业，却犹豫再三，裹足不前；

- 有件事明明很重要，却一直没有付诸行动……

在上面这些例子里，我们都会很直接地对事件产生既定的想法或态度，这些都是我们对于事件的基模。对于同一件事，每个人的基模是不同的。

　　"基模"是对某个概念（或某件事）的一套配套完整的态度、想法。就像一提到"逛夜市"，你可能就会想到很多的摊贩——各种美味的小吃、游戏摊、服饰店或饰品摊，有人可能会想到"肮脏"，或者想起某几个经常去逛的夜市。每个人脑中对于"逛夜市"这个概念，会因为个人经验的不同，而联想到不同的"内容"。这些内容，就是我们对"逛夜市"的基模。再比如，提到"创业"，有人会觉得创业压力大、风险大、收入不稳定，有些人会想到创业时间比较自由，但需要自己筹集资金等。这些就是"创业"的基模。

▲ 图1-1 逛夜市的基模

▲ 图1-2 创业的基模

生活上的每件事都可以有基模，看电影、运动、家庭聚会……只要一提到某件事，你就会直接联想到的，都算是基模。

当我们想到自己时，也会对自己产生各种看法。我们用哪些角度来看待或形容自己，就会构成"自我基模"。这些对自己的看法，都是我们从小到大乃至进入职场工作后，不断累积产生的，尤其是在对自己很重要的事情上，更会形成基模。譬如很在意自己是否独立自主的人，就不会凡事都依赖别人帮忙；很在意人际关系和谐的人，比较不容易和人发生冲突；很在意收入的人，就不太愿意接受有发展潜力却薪资较低的工作。

同样，我们对自己的个性和各种能力，也都会从小累积出既定的看法和基模。基模的影响力十分强大，促使我们对事情产生直接的本能反应，却还茫然不自知。因此，我们必须培养充分的觉察力，客观地检视自己对每件事情的基模，以减少基模的影响力，接下来的章节会对此再做讨论。

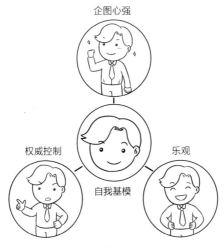

▲ 图 1-3
检视自己的生活态度和行为模式，看看有哪些自我基模

我们实际的样子（真实我）和理想上想要成为的样子（理想我），有时候会有差距，这些自我差距会使我们对自己产生失望、不满意或沮丧的强烈情绪，从而影响到正常生活。

对于未来自己可能会有的一些特质，则称为"可能我"。"可能我"与一个人未来想要达成的目标或角色有关，譬如一个小学生希望未来可以当设计师；一个职场新人希望以后可以成为经理或总经理。通常我们会从比较正向的角度来想象未来的自己，但有时也会有些负面的担忧。

结果期待与效能期待

既然如此，我们该如何看待未来理想的自己或设定目标呢？对于自己期望能完成的目标，能很坚定地相信自己一定能达成，这种对自己的预期心理就叫作"自我效能"，也就是相信自己可以有效地完成这些目标。其中有两个关键的因素，分别为"结果期待"与"效能期待"。

结果期待就是我们对于做哪些事情可以完成目标的预期。譬如，每天运动一小时，持续一个月，可以瘦三公斤；或每天听半小时英语课，持续半年，可以提高英语水平。这是我们在"要瘦身"和"提高英语水平"这两件事上，需要付出哪些努力就能产生结果的"结果期待"。

而效能期待是指我们对自己能不能真的执行这些努力的预期想法。对于每天运动一小时、持续一个月，或每天听半小时英语节目、持续半年，有的人觉得自己有信心完成，那他的效能期待就是高的。若这个人缺乏对自己能做到这些要求的信心（低效能期待），那即使结果（对目标的结果期待）再有吸引力，他也会缺乏行动力。

目标：每天运动一小时，持续运动一个月

高效能期待者　　　　低效能期待者

▲ 图 1-4

对于"一个月瘦三公斤"这样的"结果期待"，"高效能期待者"与"低效能期待者"，
付诸的行动力是不一样的

让我们迟迟无法采取行动，或者不能坚持到底的原因，主要在于我们内心对自己"是不是真正有能力完成这项工作"，是没有信心的。

理想我与真实我为何有落差？

当我们预期自己有能力完成一件事时，就能快速进入状态，且活力十足，即使过程中会遇到阻碍，也能很有信心地克服。

但是如果我们一开始就没信心，或表面有信心但潜意识没信心，就可能会影响到行动力，造成拖延，没有动力，或是虎头蛇尾，每次都有始无终。我们常常只看到表面现象，觉得自己不够努力，但其实背后最重要的深层原因，是对这件事情缺乏信心。

至于为何会有信心或没信心，就是受到对该事件的基模的影响。譬如学游泳，有的人很快就能上手，有的人却抓不到诀窍；学不会的人，几次之后，心中大概就会觉得自己不可能学会，以后听到要学游泳，可能也不会太积极（想到"学游泳"的基模）。可是如果他学乐器速度很快，当之后有机会学习新乐器时，就比较有信心和兴趣去学（想到"学乐器"的基模）。所以每个人过去在不同领域里，成功或失败的经验，都会对他以后要进行特定事情的信心程度造成影响。在很多领域的经验都成功，那么在面对新挑战时自然能充满信心；在很多领域都受挫，信心当然就不足。

遇到类似情况时，可进行下面的"自我成长练习"，持续锻炼自己，为自己累积更多成功经验。

自我成长练习

—

利用目标拆解法增强信心

　　该如何增强自己的信心呢？我们可以用目标拆解法。将一个很大的目标，拆解成很多个小目标的组合，然后先从一个比较小、比较容易达成的目标开始，这样才能产生"自己可以完成"的效能期待，每次完成一个目标，就会增强自信，甚至可拆解成"每天"的目标，这样每天完成之后，都会产生"今天全部完成"的成就感和满足感。经过一段时间，每天累积完成小目标，小的成功就可以累积成大成功（大目标的完成），对该领域的信心便会提升。

　　然后，再挑另一个领域，重新从简单的小目标开始，逐步累积到较困难的大目标，几次下来，就能为自己建立范围更广的信心。"万丈高楼平地起"，就是这个道理。

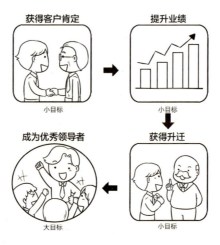

▲ 图 1-5

把大目标拆解成小目标，逐步达成

第二节

心想事成的"自我预言实现法"

　　大家应该都有这样的经验，每次新年许愿、生日许愿，或设定一个新的目标，到最后不一定都能完成。推究原因往往会发现，从现况到完成目标的过程中有很多干扰，有些是外在干扰，有些是内在干扰。为了达成心中目标，我们要做的就是排除干扰。

　　排除干扰的方法不少，而本节要谈的，就是排除负面脚本和错误归因对我们的干扰，以及善用自我预言实现来赋予正向想法与能量，让自己"心想事成"。

盘点你的脚本，觉察、降低与转化负面脚本影响力

　　"脚本"是一整套包含特定情境或事件的基模，代表前后有因果关系的一套行为模式。就像戏剧剧本一样，每个剧本都有特定的情境，包含主角、配角、一个主题、连续的事件发展、角色的固定行为、反应模式和特定结局。

　　脚本的形成，有些来自成长过程中，受到父母、家人、老师，或身边环境、朋友、文化的影响，自己将生活中重要事件的经验做成结论。但因为年纪还小，对真正发生的事情可能不够了解，所以产生了错误的解读。譬如，小时候看到父母花钱时，都很小心翼翼、斤斤计较，有可能就会形成一种"我们家没有钱，花钱要很谨慎"的脚本，在这种脚本影响下，日后即使家里变得比较富有，心里也始终觉得家里没有钱。

　　文化脚本是指"文化"所影响我们的一套剧本，包括生活方式、价值观念，也有预期的角色性格，或有受苦的、被迫害的、拯救的、加害

的等各种不同的文化脚本。

譬如华人文化中，过年要发红包、说吉祥话，或是一年内的节日庆祝方式，端午吃粽子、中秋赏月吃月饼，又或是男性与女性在家庭中被期待的角色分工，等等，都是大多数人所信任与遵循的约定规范。

华人的吃苦耐劳、美国人的开拓精神，都是各自的文化脚本，在某种文化中成长，难免会受到一定的影响。

随着时代变迁，每一代人的成长过程都会经历不同的大环境，也会产生新的脚本主题。譬如20世纪40年代人们的简朴拼搏精神，和现代年轻人所面临的，又是不同的文化脚本。

当一种文化扩大，或过于多元、繁复时，就会有次文化脚本产生。这往往和族群、地理位置、性别、年龄、教育水平等因素有关。

面对文化或次文化脚本间的差异，需要具有包容、理解、谅解、同理、共好、尊重、聚焦未来等元素，才有真正共存的可能。

家庭脚本则包含文化脚本以及家庭中发展出的独特性格、传统或期望。譬如经常听到的医学世家、书香世家、商业世家；又或者是教导老大对弟弟妹妹要谦让、吃饭不能讲话，家中的各种仪式和习惯、家里的氛围、对很多事情的看法等，都是不同的家庭脚本。

譬如，有些人小时候也许曾遭受父母的辱骂、责打，将痛苦的经验深植心中，即使已经长大成人，心中仍有许多挥之不去的苦痛。这些儿时经验，的确影响着很多人的价值观、信念、感觉和行为模式。

过往情绪创伤、文化影响、在家庭或社会中受到的待遇等，最终都会形成我们个人的心理脚本，让我们不自觉地在价值观、信念、感觉和行为模式等方面受到影响，照着特定的剧本（模式和行为）来生活与反应。

也有可能因为某些事件的影响太强烈，当事人虽然很清楚事情的过程，却仍然深受影响。譬如女孩子谈恋爱时，遇到的好几任男朋友都很花心，有可能就会形成一整套关于"男人都靠不住"的脚本，遇到下一个人时，可能会不太容易投入感情。或者有人曾经在人际关系上受伤，而形成"周围的人都会伤害我"的脚本。

脚本对我们的影响，有正面也有负面。若这些重复而持续的行为模式带来反效果，或造成失败，就变成负面脚本；如果能带来具有正面意义的行为，就是正面脚本。

不论正面或负面，脚本的影响力都无处不在。通常负面信息比正面信息更容易引起注意，负面信息的影响力也相对较大。曾有心理学研究提到，需要五个正向信息，才能抵消一个负向信息的威力。因此，保留正面脚本、厘清自己的负面脚本、排除负面脚本的干扰，能帮助我们在日常工作和生活中活得更加开心、自在。厘清的方式有很多，包含重写脚本剧本（让自己用新的经验和角度来写）、观摩他人脚本故事（了解故事可以有不同的结果）等，这些方法也会在第五章的叙事治疗介绍中提到。

"归因理论"让我们了解行为背后的原因

不知道你有没有这样的经验，当看到两个同事在茶水间好像很神秘地说话，也许你忍不住会感到好奇，他们到底在说什么；或者是觉得另一半最近怪怪的，好像有点心不在焉，不知道怎么了。

我们在生活中会很自然地受到两种强烈动机的影响，一个是想弄清楚这个世界发生了什么事，一个是希望周遭世界在自己的掌握中运作。对于生活中所经历的每件事，都会很自然地去寻找背后的原因，不管是微不足道的事情，还是一些意料之外、不寻常的事情，甚至是那些苦恼、负面、痛苦、不确定或不愉快的事，当然也可能是一些成功、开心、满足的事。我们怎么解释这些事情，会影响自己的感觉、态度和行为。

▲图 1-6

看到两个同事在偷偷说话时，A、B、C 三人心中可能会出现不同的脚本，
进而做出不同的行为反应

脚本 （特定情境剧本）	归因 （心中的解释）	感觉	产生的行为 （结果）
A."奸诈小人"脚本	觉得是在说我坏话	心情不好	1. 摆脸色； 2. 特别注意同事、针锋相对。
B."闺中密友"脚本	只是在说 他们自己的秘密	感到好奇	1. 想偷听或探听； 2. 特别注意同事和别人的互动。
C."大伙同乐"脚本	可能在谈论 某些有趣的事	觉得 开心、有趣	1. 想凑热闹，参与其中； 2. 找人一起来听。

　　通常我们会从几个方面来归结事情的原因，第一种是内在归因与外在归因。内在归因指的是将原因归结为跟自己有关的种种因素，譬如心情、个性、习惯、能力、喜好等；外在归因指的是将原因归结于跟自己无关的各种外在影响因素，譬如环境、他人压力、社会情境等。

　　当你邀请心仪的女生出游却被拒绝时，你可能会推测拒绝的原因是她心情不好（外在归因）、她不喜欢你（内在归因）；又或者你知道她是因为父母规定晚上不能和男生出游（外在归因），或现在天气冷所以懒得外出（外在归因）。根据不同的判读方式也会产生不同的回应方式。

第二种影响因素是时间上的长久稳定度，也就是持不持久。不管是内在因素还是外在因素，对我们的影响都可以分成是长期或短期影响。譬如父母规定女孩子成年之前，不能超过晚上十点回家（外在长期稳定因素），或是父母说最近治安不好，要早点回家（外在短期不稳定因素）。

第三种影响因素是可控制性。有些影响我们的原因是可控制的，譬如有人说他的成功来自多年的努力（"努力"是属于内在且可控的因素）；有些则不可控制，譬如有人说成功来自运气（"运气"是属于外在、不稳定且不可控的因素）。所以，要了解一个人，可以分析他是因为自己的内在个性特质才这样做，还是因为外在情境而不得不如此。譬如有的人明明比较内向，但是因为担任业务工作而不得不外向，如果只看到他的外向表现，就不一定能判断他的真实个性。

但是假如这个工作明明需要外向特质（人们对这个角色的期望），他却表现得很内向，那表示他的个性应该真的是内向。又或者你对这个朋友很熟悉，知道他一向很有礼貌，如果有一天他在某个场合表现失常，你会倾向解释他应该是受到某项外在因素的影响。

心理学中有个理论谈到，当乐观的人遇到好事情时，往往会将原因归于自己（内在归因，如自己的努力），而且是长久稳定的因素（譬如性格坚韧，或人缘很好这类不易变化的个人性格特色），所以能不断遇到好的事情。而悲观的人遇到好事情时，往往会用外在因素来解释（譬如运气好、靠别人帮忙），并且认为是短暂的（只是这次啦，下次就不一定了）。

当事情让你感到沮丧或挫折时，试着问自己："我从什么角度来看这件事，是外在还是内在归因呢？是长久无法改变还是短期的影响呢？可不可以控制呢？如果换一个角度看，会不会不一样？"当我们这样想时，通常就可以踏上另外的思考路径，走出目前的困境。

善用自我预言实现与皮格马利翁效应，
来创造"心想事成"

　　心理学中有个所谓的"自我预言实现"，又称作"自证预言"，意思是一个人对自己的期望（或别人对自己的期望），常会在自己以后的行为中得到验证。这个期望就像一种心理暗示，可以是正面的，也可以是负面的。若你越在意这个说法，受到的影响就越深；反之，如果只是随意听听，就不太会受影响。譬如一个人听到算命师说："你以后要在外地工作才会有发展。"结果当他在本地工作不顺时，就跑到外地找工作，当他经过努力而成功后，就会觉得算命师的话很准。又或者一个创业家，在心中深信自己能经过努力而闯出一片天地，因为这样的信念，即使面对艰难困苦，还是咬牙坚持，最后真的成就一番事业。这两个例子就是在告诉我们，内在信念的影响力是很大的。

　　在美国曾经有过一个实验，研究人员选择一批小学生，先测试他们的个人智力，再随机抽出20%当作实验组，对老师说这批实验组学生是"资优生"。一年后，研究人员再为这些实验组学生测智力，发现他们智商的平均增长率明显高于其他学生。为什么会这样呢？ 由于老师们对被认为是"资优生"的特别照顾，让这批实验组学生在老师的特别关怀、鼓励和重视中，增强自信、激发学习动力，而加快成长速度。

　　这就是"皮格马利翁效应"（Pygmalion effect），指的是如果我们对某些人期望越高，通常他们的表现就会越好。这跟正向的自我预言实现很类似。最重要的是，一个人如果能得到鼓励和认同，即使原本平庸，也可以有突出的成就。可是如果一开始就认定自己会失败，通常结果就真的会导致失败。之所以会称"皮格马利翁"，是因为在希腊神话中，塞浦路斯的国王皮格马利翁相当热爱雕刻，他花了毕生心血雕成一个少女像，命名加拉蒂，并视她为梦中情人，日夜盼望她能变成真人。他真挚的感情感动了爱神阿佛洛狄忒，阿佛洛狄忒为雕像赋予生命，让石雕少女化成真人，成为皮格马利翁的皇后。因此，皮格马利翁代表着"精诚所至，金石为开"的信念与坚持。

▲图1-7
若我们不断在心中建立好的想法、好的基模和脚本故事，
便会自然产生好的情绪感受，也会有好的行动，进而创造好的结果

这也符合当下大家耳熟能详的"吸引力法则"；以及量子物理中的弦能量理论的观点，就是万物（大到星际宇宙，小到原子、电子、夸克等粒子）都由基本的能量弦线所组成，各种基本粒子间的差异，只是弦线抖动的方式和形状不同，而这些弦线所产生的振动频率，会吸引相同共振频率的人、事、物。也就是你怎么想，特别是怎么感觉（情绪上的感觉），就会创造出什么样的共振频率磁场，也就会有什么样的结果产生。

邀请大家一起，通过排除外在干扰、重新改写脚本故事，在心中建立好的想法，拥有好的情绪感受，并将其化为行动，让自己心想事成！

第三节

如何建立亲和感，让人对你印象深刻？

本节谈一些建立好印象、增加亲和力的方法。先了解你的沟通对象习惯的接收外在信息的模式，再根据对方的类型调整沟通方式。常常练习，你会发现自己可以更受欢迎。

找出你的特点，善用初始与近因效应建立好印象

回想一下，当你在任何聚会活动中，遇到陌生人时，会有什么反应？通常，我们会从对方的外观、穿着、言行举止等线索，很自然地建立对他的印象，推断他的性格，以及产生直觉反应——喜欢或不喜欢他。

关于"印象的建立"，可以参考下面这些原则：

首先，人们通常依据很少的线索（特质）就快速建立对他人的印象，而且会持续用这种模糊笼统的特质来看待他人，这叫"初始效应"。就是一旦别人对你有一种初步印象，他就会倾向继续这样"看待"你，会在后续和你相处的过程中，去注意那些和他原本对你的初始印象有关的信息（因为信息过多，没办法全都接收）。所以，自我介绍时，同样是说自己的优点和缺点，先说优点和强项，会让人建立对你的好印象，后面的小缺陷就没有太大关系。如果先说缺点，再说优点，反而会让人对你的印象停留在缺点中。

相较于初始效应，另一种是"近因效应"，就是在一连串信息中，我们相对容易记得最后面的信息。实验显示，认知复杂度低（想法较单纯、主观或批判）的人，会比较倾向朝两极化来看人，不是"好"就是

"坏"，也比较容易受到近因效应影响。认知复杂度较高（较弹性、能接受各种变化）的人，则较容易受初始效应影响。所以，假设你要说自己的缺点，就放在中间吧！前与后都说自己的优点，就能让自己的特色比较容易被记住！

其次，我们不太会注意到每一个线索，只会去注意现场最明显的特征或人物，这叫"主题－背景原则"。换句话说，在一个场合中（背景），只有有特色的人或事（主题）才容易被记住。而且通常比较突显的人会被认为在该场合较有影响力。另外，有些特质是"核心特质"，会和很多其他特质被联想在一起，譬如"温暖－冷淡"这一组形容词，会对整体印象造成很大的差异。如果别人一开始觉得你是温暖、热情、亲切的，你几乎很自然就会获得好评；而如果别人一开始觉得你很冷漠、摆臭脸或没有人情味，后续就容易对你有不好的印象。所以，要谈正事之前，先多闲话家常、建立关系，还是很必要的。

最后，在短暂接触的过程中，因为时间有限，我们会习惯用过往的经验（基模）将人归类，譬如A是理财经理、B是小学老师、C是大公司经理，我们很自然就会将过往对这三类人印象中的特质，加诸A、B、C三个人身上，即使他们并没有这些特质，这就是所谓的"刻板印象"。提到业务人员，人们往往会想到需要交际应酬、招待客户。这样的印象，有时候是对的，会让我们第一时间不用思考就能迅速判断该如何和他相处，但这并不完全适用于所有的业务人员。所以，从你的背景中，找到一个可以让人第一时间将你纳入，进而对你产生好印象的正向特质类别，可以让人对你的第一印象加分。

▲图 1-8
突显自己的优势，留下良好的第一印象

"月晕效果"让你欣赏一个人，就会肯定他的全部

所以，我们对一个人的印象，是从他呈现出来的所有信息（条件、特质、个性等）中，组合成一个整体的印象感觉。有些特质是正分，有些是负分，而有些我们特别在意的特质，就会给比较重的加权。正分和负分平均之后，会得到一个平均分数，就成为我们对这个人的整合印象，这是对整体印象的加权平均模式。

在第一印象中，最重要的影响要素是：评价（好或坏），就是你喜不喜欢这个人。通常我们在评论他人时，会倾向给他稳定一致的评价，也就是说，如果你喜欢这个人，你就会连带欣赏他的其他特质，好像这个人周围有一圈正向的氛围，这就叫"月晕效果"。相反，如果你不喜欢一个人，觉得他"不好"，就比较容易看到他的负面特质。

人们喜欢那些和自己相像的人

所以，如何让人在和你相处的过程中喜欢你，就变得很重要。要让他人喜欢我们，最重要的是从建立亲和感开始。人们喜欢那些像他们自己的人。所谓的像自己，可以是指关系，譬如很多业务人员会挂在嘴边的同学、同事、同乡、同社区、同姓宗亲等；也可以是个人外观、身体姿势、动作节奏、想法信念、声音语调、心情、习惯等特质。在神经语言学中，有一些关于如何建立亲和感的方法，我觉得很有意思，这一部分会在第三章中详细讨论。

人与人的沟通，是通过视、听、触、味、嗅觉这五种感官来接收外界刺激与信息线索，并且转化成自己可以理解的世界。这些我们眼睛所看、耳朵所听、触觉所感、味觉所尝和鼻子所闻的感官信息，以及内在如何思考感受的总和，就形成我们的经验世界——只属于自己独一无二的"真实世界"，没有人会和我们一模一样。

譬如，两个人参加同样的聚会、待在相同空间里，因为每个人的观察力不同、原先的背景与互动不同，对聚会中互动与感受的解读也不同，所以当聚会结束，两个人日后回顾时，就会有不同的回忆和感受。想象一下，如果李安（著名导演）、王建民（著名棒球运动员）、阿基师（名厨、主持人）和你，同时待在一个地方参加聚会，你们会注意的重点一定不同，对聚会的描述方式也不会一样。不管我们再怎么留意、再怎么仔细或客观，我们所描绘的世界，一定跟真实世界有落差（这是所谓的"疆域大于地图"，地图就像是我们眼中的世界，疆域则是真实的大世界），但对当事人来说，他看到且描绘的世界，就是他的真实世界。这也就是人会有盲点的原因，因为他会受限于自己的眼光，而无法看到全貌。

五感之中，视觉、听觉、触觉是我们最主要接收外界信息与看待世界的三种方式，称作"表象系统"，就是把外在世界发生的事（各种事件和现象），转码成我们可以理解的方式。从小到大，我们不断整合感官经验，随着时间推移，会逐渐有某个感官成为自己最习惯的感官（主要表象系统），有的人擅长视觉，有人是听觉发达，有人是感觉很强。若我们能很快清楚对方习惯的主要接收表象模式，并且用对方习惯的方式来回应和传递信息，就会让对方感到亲切与熟悉。

- **视觉型**：很重画面，通过图像、意象等视觉模块来了解世界。
- **听觉型**：很重声音，通过声音、语调等听觉模块来了解世界。
- **触觉型**：很重感受，通过触摸、感觉等触觉模块来了解世界。

若想拉近与人的关系、建立亲和感，就需要先了解对方习惯用哪种感官来接收与回应世界，了解对方怎么表现自己的真实经验。让对方知道我们真的了解他，同时也让对方进入我们的世界，了解我们真正的感受体验。

那又如何知道对方是属于哪一种表象类型呢？有些方法可用。这里介绍第一种，在对方谈话时，从他使用的语言文字来判断，看他文字中的形容词、动词、副词会呼应哪一种表象类型。譬如下面就列出每一种表象类型会用到的文字，大家可以"看"一下，以前在生活或工作中，有没有"听过"有人用类似的说法来描述，相信会有些感觉。

视觉用语：

出现、看见、焦点、观点、想象、鲜明、回顾、醒目、缤纷、精彩、浮现、清楚、看起来、明白、模糊、样子、注视、明亮、画面、发现

听觉用语：

赞美、喧闹、听到、解读、回响、谈论、朗诵、弦外之音、和谐、赞叹、倾听、喃喃、响亮、悦耳、表达、讨论

触觉用语：

实践、掌握、紧张、温柔、压力、紧绷、碰触、感受、张力、闻到、感觉、捕捉、拍案、笨拙、兴奋、压迫、抵抗

> **中性用语**（感觉不到特殊的感官线索）：
> 决定、承认、理解、确认、继续、好奇、预期、困惑、允许

接下来，大家可以练习将中性的描述句子，改写成用视觉、听觉、触觉来传达的文字，也可以回想一下，在平常生活中还有哪些例子，相信对于大家掌握对方主要的表象系统会有帮助。

练习用视觉、听觉和触觉用语来换句话说：

题目一	这个月的业绩不错
视觉描述	例句：你们可以"看到"，这个月的业绩"长红"。 演练：
听觉描述	例句：让我们为这个月的业绩"喝彩"！ 演练：
触觉描述	例句：大家这个月"做"得很好，业绩一直往上"攀升"。 演练：
题目二	这个案子很麻烦
视觉描述	例句：这个案子"看"起来很复杂，有很多"不明"的变数。 演练：
听觉描述	例句：这个案子"听"起来各单位的声音很多，众"说"纷纭。 演练：

如果你的另一半是听觉型的人，而你是触觉型的人，在没有留意到的情况下，你们会如何相处？她很有可能常问你："老公你爱不爱我？"想要听到你的甜言蜜语。而你却习惯要让她去感受你为她做了些什么，也许是浪漫的烛光、精心布置的环境，对你来说，这些就代表你对她的爱，可是对她来说，却需要听到你的温柔话语才会满足。

若你有个视觉型的老板，需要看到面前有很多详细的图表、数字，

才会满足；可是你却是听觉型的人，喜欢用滔滔不绝的口头说明来报告细节，你们沟通的效果就会大打折扣。

通过肢体行为上的模仿，建立亲和感

另一种建立亲和感的方法，称之为"映现"，是通过非语言行为来模仿回应对方。若我们的行为举止、情绪、姿势等，就像镜子一样，反映出对方的一举一动（模仿），这会让我们与对方达到一种"同步"的效果，因而增加彼此的亲和感。在生活中，也有很多这样的例子。

譬如当大家都坐在电影院中，共同因为某段剧情而大笑，或者感动落泪时，在场的观众都会有种共同经历特殊经验的亲和感。这让我想起好几年前在电影院观看《海角七号》，看到男主角和邮差骑车然后骂出那句很亲切的脏话时，全场大笑喷泪的那一幕。其他像舞台剧表演、教室上课等，身处其中时，都会因为和身边的人做出类似的动作，而产生亲和感。

要注意的是，映现并不是完全模仿，不是要与对方一模一样，而是每隔一小段时间（几秒钟到几分钟），很自然地做出与对方类似的动作。对方摸了一下头，也许隔几分钟后，你可以用另一只手稍微摸一下另一边的刘海儿。如果太刻意或太相似，就会让人觉得怪异而感到不舒服；但若很自然地加以改变，则是一种呼应。跟随对方的肢体动作、姿势、口语、节奏、心情等，但不完全一样，也不是马上做。

当我们能很好地呼应对方后，如何确认彼此已建立亲和感了呢？这时，可以试着"引导"，做一个对方没有做的动作，看对方稍后会不会不经意做出与你类似的动作。当你发现对方真的做了和你类似的动作，那恭喜你，这表示你们已经达到同步，双方已产生一定的亲和感，相信接下来会有很好的互动体验。

▲图1-9/1-10
适度模仿对方的肢体行为，建立亲和感

▲图1-11
如果对方做出与你相似的动作，表示你们已经达到同步

刚开始进行时也许会有点刻意，也需要分心去思考该如何操作，但经过一段时间的练习，就会慢慢变成习惯。举个例子，有一次我和一家精品公司谈一个培训方案时，先和培训经理、业务经理谈，然后优雅而带点严肃的总经理走进来想了解内容，刚好坐在大会议桌的正对面。因为总经理很严肃，所以我也呈现严肃的基调，以严谨的态度稍带一点微笑来说明。过程中有一刻，刚好我和总经理四目相对，我就微笑了一下。隔几秒之后，她也回应我一个笑容。当时我并没有想太多，只觉得她笑了就好，气氛会比较好一些，而当天的进展说明也很顺利。后来，当我回去复盘时突然发现，当我笑了之后，不久对方也跟着微笑，这不就是情绪的同步吗？于是我就更了然于心，难怪当天很顺利，因为我们处在一个很好的同步状态中，而这些已经被熟练地内化了。

第四节

你真的懂我吗？小心沟通背后的隐藏信息

在心理学的人际沟通派别中，有一个"人际沟通分析"（transactional analysis）流派，简称 T.A.，由心理学家艾瑞克·柏恩（Eric Berne）提出，是一套了解并改善人际关系的人格理论系统和治疗方法。这一理论可以经常在生活和工作中得到验证。

发现沟通时的三种自我状态

第一个部分，是关于人有三种"自我状态"。在我们日常生活中，都是用这三种自我状态的其中之一来与人互动。这三种状态分别是父母自我状态（父母），符号是Ⓟ；成人自我状态（成人），符号是Ⓐ；儿童自我状态（孩子），符号是Ⓒ。

"儿童自我"来自儿童期留下来的思考、感觉和行为；"成人自我"是针对当下状况的思考、感觉和行为；"父母自我"是我们小时候受到周围重要榜样人物（通常是父母）影响，将我们所看到与接收到的他们的思想、感觉与行为，往内投射到我们自己身上。

也就是说，当我们平日在和人沟通的时刻，虽然外壳都是这个表象的"我"，但其实内在的"自我状态"却可能有三种情况。

如果是处于"儿童自我"状态，表示"我"是以早年儿童期所体验到某个情况下的想法、感觉和行为来处理现在四十多岁时遇到的状况；通常会是一种想要开心自在地玩耍、夸张，或是顺从（乃至相反的抗拒）的状态。

如果是处于"父母自我"状态，表示"我"是以小时候曾看到过的一位成人（父母或其他人）采用的方式来处理现在的状况，经常以批评、偏执、辅育等行为表现在外。

"成人自我"则是以较理性客观的状态来呈现目前的真实情况与收集到的数据，经过自己思考统整，以较平衡的方式来处理现况。

而三种自我状态中，"父母自我"状态又可以再分为抚育型父母和控制型父母。抚育型父母代表的是温暖、柔和、安慰、呵护的态度语气；控制型父母则是较严厉、否定、蹙眉的态度语气，有时是不一定合理的偏见或非理性信念。

"儿童自我"状态也可以再分为自由型儿童和顺应型儿童。自由型儿童代表天真单纯、有想象力、直接反应的状态；顺应型儿童则是包含微笑顺从、听话配合以及刚好相反的耍赖和反抗（反抗也是适应的型式）。

举个例子，当员工向主管请假时，不同的员工与主管之间可能会出现不同的"自我状态"组合。

ⓒ儿童自我状态(顺应型)　ⓟ父母自我状态(抚育型)

▲图 1-12/1-13/1-14

　　了解上述几种沟通时会呈现的自我状态后，记得可以在平常的对话中多去感受一下，说话的对方是处于什么状态，而回应的那一方，又是处于什么状态，相信会非常有趣。

三种常见的沟通类型

　　接着要看的是三种常见的沟通类型：互补沟通、交错沟通与隐藏沟通。

互补沟通是一种预期的沟通方式，可以发生在任何两种自我状态中，双方在沟通中的丢球（刺激S）和接球（反应R），是平行的。譬如我想和你的"成人自我"沟通，而你也用"成人自我"回应，我以"父母自我"和你的"儿童自我"对话，你也用"儿童自我"来回应我的"父母自我"，两人互动的感觉是流畅愉快且在预期中的，沟通可以一直持续下去。

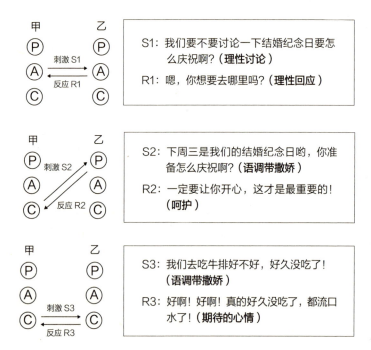

甲　乙

S1：我们要不要讨论一下结婚纪念日要怎么庆祝啊？（**理性讨论**）

R1：嗯，你想要去哪里吗？（**理性回应**）

S2：下周三是我们的结婚纪念日哟，你准备怎么庆祝啊？（**语调带撒娇**）

R2：一定要让你开心，这才是最重要的！（**呵护**）

S3：我们去吃牛排好不好，好久没吃了！（**语调带撒娇**）

R3：好啊！好啊！真的好久没吃了，都流口水了！（**期待的心情**）

　　交错沟通则是对话被打断或交错，一方启动沟通，但并没有得到期待的回应。有点像话不投机或被忽略，感觉是错愕、不舒服的，因此沟通有可能中断或改变方式。有时候不见得是不良沟通，反而可以使受困的沟通解套。譬如对方使用的自我状态对沟通是有害的（太任性或太严肃），可以用别的类型回应，将注意力拉回，或调节气氛。

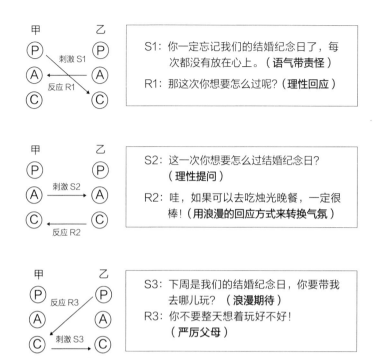

解读沟通背后的隐藏信息

隐藏沟通通常包含两种以上的自我状态在传递信息，其中一个是表面公开传达出来的、社会层次的信息，另一个则是潜藏的、隐含的心理层次信息。后者（心理层次）才是真正想要表达的，但因为是隐藏沟通，不容易被察觉，有时候若接收的人没收到对方隐藏的信息，就会造成误解或隔阂，甚至长期累积而造成关系的受损。

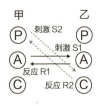

表面层次

S1：这个案子的细节需要好好讨论。（**严
　　肃冷漠**）

R1：嗯，我已经列了一个详细的计划。（**平
　　铺直叙**）

心理层次

S2：哼，看你这次怎么办，我等着看好戏。

R2：讨厌，每次都推给我。

表面层次

S3：周末时间快到了哟！（**开心微笑**）

R3：嗯，我都还记得！（**带点兴奋**）

心理层次

S4：好久没出去玩了，真期待!

R4：这次要好好放松一下，Yes！

　　T.A.的内容架构很丰富，本节只列举生活中较常见的沟通对话方式
供大家观察、对照，看看身边其他人的对话是处于哪些自我状态中，相
信会有不少收获。

◆ **自我成长练习** ◆

一

自我状态盘点

　　检视自己的"父母自我"和"儿童自我"，看看过往经验对现
在产生了哪些影响，再做出进一步的改变与调整。

○ 重建父母自我状态

1. 重新回放成长过程，回想父母、祖父母、长兄、师长或任何早期生活中对你有重要影响的长辈与权威人士（让自己安静不受打扰，如同看电影般在脑中回想，或通过照片帮助记忆）。

2. 父母对金钱的态度是什么？必须为生活奋斗吗？怎么花钱？家中是否曾发生重大危机或事件？家中气氛如何？有哪些休闲活动？与朋友如何相处？家务怎么分工？工作态度如何？有哪些很坚持的价值观？

3. 回顾上述内容，你有哪些地方和父母相像？

   ● 你从父母身上学到了什么？

   ● 你的"抚育型父母"特征有哪些？你都用在哪些情境或对象上？

   ● 你的"控制型父母"特征有哪些？你都用在哪些情境或对象上？

○ 回忆你的儿童自我状态

1. 回想：你已经回到童年的家中，你会看到什么？听到什么？感觉到什么？家中有哪些人？家人之间怎么相处？你有什么感觉？

2. 拿出任何一张童年的照片，慢慢让记忆浮现。当时发生了哪些事？心情如何？哪些是欢乐开心的记忆？哪些是不愉快、难过或沮丧的记忆？

3. 觉察自己的儿童自我状态，了解现在哪些事情会引发自己的儿童自我状态。

   ● 当压力大时，沮丧、难过、疲惫、失望时，你的反应是什么？

   ● 当有人以"父母自我"状态和你互动时，你的反应是什么？

   ● 当别人的"儿童自我"引发你的儿童自我时，你的反应是什么？

   ● 童年时，你如何适应父母的要求？这些适应方式中，现在还有保留的是什么？

4. 有意识的调整

● 对于儿童自我，你想要调整成什么行为和对话、背后想法是
  什么？（你可以调整呼吸，想象与模拟你自己正在进行调整，
  好像你正身临其境一样，让调整不只是停留在理性思考层面，
  而是身体也体验到这样的感受。）

第五节

你收到"我想亲近你"的邀请了吗？

"情感联结"可说是一个很明显可观察的指标，用来了解正在沟通的两个人，到底处在正向或负向状态、互动强度是强或弱。留意你对别人，或别人对你的语言或非语言消息中所释放的善意，加以适当回应，可以帮你促进良好的人际关系。

情感联结才是人际关系是否稳固的关键

在我们每天的人际互动中，随时都在向别人"发球"，也看别人怎么接招和回应。不管发球的人是通过一个动作或肢体碰触、一个蕴含各种含义的眼神、一句里面有各种语调与情绪张力的话，还是抛出一个问题想要再深入了解，这些动作背后其实都隐含着发送信号者所传达的情感需求和意图——我想要与你产生联结。接球的另一方，是不是能"完整"接收到发球人想传递的意图，以及采取什么方式回应，会决定两个人之间的沟通是顺畅热烈、你来我往，还是格格不入、带有距离。而发球人的这些举动，都是一种沟通上的"邀请"，希望在对方与自己中间搭起一座隐形的桥，让彼此产生情感上的联结。

美国心理学家约翰·戈特曼（John M. Gottman）的研究指出，人际沟通最重要的是，沟通的双方要有情感信息的交流，这是一种感性的联结，而不是只有理性的对话。"情感联结"才是决定两人关系是否稳固的关键。这里指的两人关系，包含朋友、伴侣、亲子、同事、上级与下属等。事实上，每个人都希望能被理解、被关心、被爱，当情感上有充分的联结，很自然就会产生安全感和被支持的满足。

试着回想生活周遭的场景：也许是同事间的八卦或嘘寒问暖、夫妻间的贴心对话、亲子间的殷切叮嘱或朋友间的问候关心，每个场景都是一个联结的过程，都充满一方的邀请和另一方的回应。当我们知道"情感联结"是人际间最重要的一环后，千万不要轻忽对方的邀请，更不要随意以负面态度或忽略的方式来回应。

戈特曼的研究显示，想要离婚的丈夫，有82%的时间会忽略（无视）另一半的邀请，而稳定关系中的丈夫则只有19%的时间忽略另一半的邀请；另一方面，想要离婚的妻子，会有50%的时间忽略另一半的邀请，在稳定关系中的妻子则只有14%的时间会忽略。

同时，在晚餐时的对话，婚姻幸福的夫妻在十分钟内的邀请次数，可以达到100次；婚姻失和的夫妻，十分钟内的邀请次数则只有65次。请注意，这只是十分钟，如果将时间拉长为一周、一个月，甚至一年，中间所累积负向情感循环的差异就会像等比级数一样倍增。

从戈特曼的研究中可以看到几点：

1. 男性对于接收和回应发球者释放出的情感信号，原本就较女性弱一些。

2. 沟通过程中，从邀请和回应的次数与热烈程度，可以大致判断双方间的情感联结状态。

3. 增加正面的邀请与回应的频率，对双方关系有很大的帮助。

关于邀请与回应

1. 正面回应邀请能让互动继续，带出更多正面邀请，让关系越来越顺。

2. 对邀请的负面回应，会中断沟通，也让关系越来越远。

3. 真的有事得拒绝邀请，不一定会中断情感联结，如何回应才
   是重点。

当我们想邀请对方时，可以采用很多方式，但最重要的是想建立联结的心情，而不是事情本身。譬如问女儿：要不要一起去看电影？重要的是找出可以一起做的事情，而不是非要一定在某个时间做某件固定的事情；即使真的无法约成，也要注意"对方有无收到自己的关心和想要联结的心情"，不要因为过程中的不满意而沮丧、受挫，甚至生气或报复。

从上面的结果，我们也可以类推到职场或其他人际关系，建立高比例的"正面邀请与回应"，会改善我们的人际关系。两人间的关系，是逐步累积的过程，每一次其中一方的邀请与对方的回应，都会加强或减弱双方的人际情感联结，邀请会随着双方关系的成长而增强，次数也会增多，要不断传球给对方，而不是很冷淡地回应。从现在开始，请多练习发出正面且清楚的邀请，也给予他人正面的回应吧！

检视你回应邀请的方式，能改善人际关系

当你看到这段时，请务必静下心来回想一下：平常的日子里，都是怎么回应身边人所释放出来的邀请呢？是很正向地接受、很热烈地回应，还是很冷淡地点点头、简短地说一两个字来回答，或者漠不关心、打岔转移话题，甚至以轻蔑、挑剔、防卫、挑衅的方式来回应？

邀请的回应方式，一般有正向热情、接纳、忽略和抗拒这四种：

回应方式	内容
正向热情	**热烈的回应、强烈饱满的情感张力。** 甲：跟你说啊，我下周要去欧洲自由行！ 乙：哇，真的吗？好棒啊！要去哪些地方？ （眼睛睁大、开怀、双手握拳挥舞等）

接纳	基本上是有回应，只是回应程度从几乎不带情感的淡淡肯定（只回答一两个字：嗯，对）、简短而封闭的回答，或只用轻微动作（微点头）回应，到会有中度情绪张力、有较大肢体动作回应，甚至到正面热情的回应（兴奋热情），都可算是接纳的回应方式。 甲：跟你说啊，我下周要去欧洲自由行！ 乙1：嗯！ 乙2：好啊！ 乙3：听起来不错。
忽略	接球者没注意到发球者抛出的邀请信息，可能是因为只顾着忙自己的事情，或者个性本就较沉默，或是注意到无关紧要的细节。通常是因为心不在焉，少数人才是刻意不理会，除非是因为策略上希望把距离拉远一点，才有可能刻意忽略或转移注意。 甲：我今天把家里整理好了。 乙1：明天我们出门要准备的东西准备好了吗？ 乙2：……（只顾着看电视，毫无反应。）
抗拒	较负面的回应，包含轻蔑、冷嘲热讽、挑衅、故意争论、企图主导、挑剔毛病、防卫保护、负面强烈否定等，通常会造成对方的退缩与情感疏远。如果只有一方抗拒，比双方都抗拒更惨，单方接纳者更不快乐。当对方抗拒或相应不理时，另一方很容易因为受挫而放弃。即使在稳定的关系中，一方遭抗拒后，只有20%的人会选择再次尝试邀请。 甲：你知道这个要怎么弄吗？ 乙1：说你笨还不承认，明明就很简单，怎么不会！ 乙2：你没看到我在看书吗？ 乙3：你怎么拖到现在才弄啊？

通常我们都期望别人给予自己热情、正面的回应，因为会带来温暖的能量，但很多人自己的回应方式却是淡淡接纳，而不是正面热情。如果处于压力大或情绪不佳的情况下，更容易出现负面强烈的回应方式。所以，当我们压力大、有情绪时，才是考验自己觉察力和情商的时候。

要注意的是，前面提到的正面热情，不代表你要接受对方的意见，而是先呼应他的心情，让对方觉得你与他是同盟，然后再辅之以理性协调可行的方案。

譬如曾经有一个学员是酒店的领班，他提到有客人来店，说会在圣诞节前后来度蜜月，希望可以免费将房间升级，也希望可以给太太准备一些惊喜。这位学员原本的回应是："很抱歉，我们现在已经没有这样的房间了。"但我给他的建议是，先呼应对方的心情："哇！恭喜你们要度蜜月，很替你们开心。"让客人觉得你是替他着想的。然后再理性协调说："我们很愿意替你留意，只是现在升级的房间已经满了，如果有空出来的，一定会尽量争取、安排。"一旦客人的心情得到呼应，后续就比较好谈，虽然未必能升级，但对方还是会有一定的满意度。

▲图 1-15
与对方分享开心的事情时，我们都期待能获得热情且正面的回应

▲ 图 1-16
你是否常常在无意间忽略了旁人的沟通邀请？

检视自己的回应方式

步骤1

找出一个你曾遇过的事件，而当时你回应的方式，是负面强化、忽略不理，或淡淡肯定这三者之一。

（其中优先找出"负面强化"的回应事件，因为如果一件事情会让你产生强烈的负面反应，表示这是一个痛点，要优先来看；然后才是"忽略不理"或"淡淡肯定"。）

发生事件	反应形态	反应方式
	负面强化	
	忽略不理	
	淡淡肯定	

步骤2

列出来之后，请试着改写，如果将回应方式改为正面热情，你会怎么说、怎么做。

发生事件	反应形态	反应方式
	正面热情	

看懂对方伪装的邀请，才不会造成误会与情绪化

有的时候，当发球的人要发出邀请时，表达可能不是那么直接，而

是会用伪装或模糊的方式。会选择这样的沟通方式，通常是为避免让自己受伤。譬如：

1. 用负面的方式表达

"你就不会帮我一起管你弟弟？"

"你真忙啊，连给我打一通电话的时间都没有！"

2. 以愤怒或哀伤伪装

如果当事人自己都不清楚自己的需要时，就更容易用情绪化的反应来表达邀请。例如，孩子乱发脾气、叛逆、爱哭或莽撞的表现，其实是希望被关心；或是某个大人哀伤地说"你都不了解我"，实际上也是渴望被了解的邀请。

· 自我成长练习 ·

—

日常邀请与回应记录表

下列问题，可以作为每天或每一段时间自我检视的参考依据。定期记录自己与朋友、家人的互动状况，经过一段时间，再观察彼此的关系是否有所不同。

你是邀请者：

1. 今天在工作上（生活中、家人中、朋友中），你向谁发出邀请了吗？

2. 你发出邀请的对象，都是如何回应你的呢？

3. 今天的互动有没有什么是你觉得做得不错的？

4. 关于你提出的邀请，有没有什么是你觉得可以改善的？

5. 你是否想与某个人产生更多的联结呢？

你是邀请者			
范围	互动对象	事件与对话	检讨与改善
工作	1. 同事小A 2.		
家庭	1. 2.		
朋友	1. 2.		

你是回应者：

1. 今天在工作上（生活中、家人中、朋友中），你发现谁向你发出邀请了吗？

2. 你都是怎么回应的呢？

3. 有没有什么是你觉得回应得不错的？

4. 有没有什么是你觉得改变一下会更好的呢？

5. 有没有谁的邀请是你忽略的呢？你可以做什么来重新建立联结呢？

你是回应者			
范围	互动对象	事件与对话	检讨与改善
工作	1. 同事小A 2.		
家庭	1. 2.		
朋友	1. 2.		

第六节

伴侣相处之道

　　我有一位很好的朋友，前几年离婚了。他们的年轻岁月和我有很多的交集，我们一起去过许多地方，也有很多欢乐回忆。看着他们从年轻时交往，到结婚后这些年的相处，一路走来十多年时间，最后以离婚收场，心中不免有很多感触。

　　知道他们的婚姻出现状况时，已经有点大势已去，积重难返。有时候不免会想：如果之前再早一点知道，或如果还能多做些什么，结果会不会好一点？于是有了这一节，希望能对夫妻与伴侣间的沟通和相处有些帮助。

　　婚姻，不比谈恋爱，真的是考验。夫妻之间，每个人都带着自己从过往家庭，或过往生命中的经验和脚本来到这个新组成的家庭中，重新建立新家庭的规则，夫妻两人对于婚姻有太多的"应该"（应该要怎么样才是对的），而两人间的"应该"通常不一定会一样。大到新家庭的生活支出该怎么分配、理财怎么安排、家事怎么分工、饭菜怎么煮；小到生活习惯的差异，家具该怎么摆放、用品该怎么处理、衣服怎么洗、牙刷怎么放，都有太多原本家庭带来的不同点。

面对两人的差异时，

你是真的在沟通，还是只为了说服？

　　请回想一下：当你和另一半对某件事的意见（看法、处理方式）不同时，你是不是真的愿意听进对方说的意见？对方的习惯、价值观和你很不一样时，你是否真的能包容与接受，还是说你希望对方能被你说服，转而认同你的观点和做法，然后改成你的方式？

　　如果在关系中，你是强势的一方，你有没有转换立场？如果你站在对方的角度看事情，会有什么感觉？如果对方一直退让，真的好吗？

如果你是弱势的一方，你有没有学会表达意见或守住立场，让自己不至于压抑太久而承受委屈？

你有多了解你的另一半呢？我们往往很容易用自己的角度来看另一半需要什么。其实若对方没开口说，有时也会产生误解。

心理学有不少派别可以提供给两性和婚姻伴侣参考，如本章第五节提到"邀请"，就是关系中的情感联结；第四节提到T.A.的"自我状态"，让我们看到在沟通时，难免会把过去的模式带到当下。

而本节要谈的是亚伯·艾里斯（Albert Ellis）的理性情绪行为治疗（以下简称理情学派）中的一些原理原则，可以促进伴侣间的有效沟通。理情学派强调我们要能自我接纳，从过往很多的"应该"束缚中解脱，重获自由。

从小到大，我们被很多"应该""必须"的框架框住，常因此造成情绪困扰。在第五章将谈到ABC模式，通常会引发情绪的并不是事件本身，而是我们对该事件的解读和诠释。因为受到后天环境、教育、朋友、媒体等影响，我们难免会产生一些不合理、不合逻辑，或与事实不符的非理性信念，大致包含"自己""他人""情况"这三个范畴：

1.我（自己）应该永远表现良好。

2.别人（他人）一定要永远对我仁慈公平。

3.情况必须总是以我期望的方式来满足我的需求。

因为有这些对"自己"或"他人"或"情况"的不合理的"期待"与"要求"，导致我们处在情绪困扰中。而解决的方式，则是要练习无条件地接纳和包容。无条件接纳自己，无条件接纳他人，无条件接纳生活状况。

若我们以"应该"要求自己，就隔绝了我们真实的感受，也是对自己的不接纳。譬如我应该要坚强、应该不能生气、应该更认真，这些"应该"背后，都隐含对自己现况的不接纳。

当我们以绝对性的"应该"要求对方，其实是不接纳对方，要求他人成为自己的延伸，不允许对方做原来的自己。譬如：你应该得第一、你应该表现得很完美、你应该很用功读书才会成功……这许多"应该"，有时会变成一种"绝对真理"，好像不这样做就是错的，变成迫害者和受害者之间的角色扮演，把自己给捆绑住。

颠覆"应该"与"必须"，才能拥有做自己的自由

我们常常觉得对方"应该"要怎么做才对，或"必须"怎么做才正确，如果对方并不是如此，就会引起两人的意见冲突。其实，每个"应该"与必须背后都包含了未被满足的"想要"。"应该"与"必须"代表的是你"一定要"这样的意图，若是能转换为你"想要"，才能让两人相处有更多空间。基本上两人的相处，并没有什么是"应该"或"一定要"如此的。当两人的观点角度出现差异，可以试着找出有哪些共同点是两方都可以接受的。

伴侣良好沟通的四法则

1. 接受伴侣本来的样子

每个人在成长过程中，一定会受原生家庭影响，生活习惯、父母间相处的方式、表达情绪的方法、金钱观、是否有安全感等，都会影响在一起的两个人。发掘自己现在的伴侣关系中，有哪些地方受原生家庭影响，留下好的，淡化或调整不好的影响，就很重要。

两人相处时，请接纳对方现在的状况，避免责备与限制他；允许自己去影响他，但不要求对方一定要改变；给予彼此充分说明和分享感受的空间，也给对方影响你的自由。

有些伴侣在相处时，会想着影响另一半，却又拒绝或抗拒另一半对

自己的影响，这样就不是对等尊重的关系，长期下来对双方关系并不是好事，尤其是，留意人际关系中的"界线"，华人文化中，越亲密的关系，越容易跨越界线，觉得你是我的，所以你要听我的，不允许对方有自己的声音。所以，若能避免以要求或命令的方式去控制另一半，也让对方免于应该和必须顺服你的期待，就会让双方关系更好。

▲图 1-17

偶尔把心情告诉另一半，你会发现彼此的距离更近了

2. 时常真诚地表达感激，避免批评的习惯

在沟通时，尽量避免批评伴侣，而是看重伴侣所做的努力，多去发现伴侣的价值。因为批评会造成对方的警戒和防卫，也容易起争执。若能用心看到对方做得好，并真心、具体地表达感激，就会让双方的气氛变轻松，对彼此的态度也更加开放。

当批评的声音出现时，则要学习将批评重新定义为"彼此意见不同"，但并不是要造成争吵或责备对方。可以看看在不同的意见当中，什么是对现况改善有帮助的建议。

3. 分享歧见，探索差异

对于双方意见（价值观、习惯）不同的地方，可保持好奇心来了解对方的想法和感受，接纳双方的部分观点，以寻求更好的解决之道。

在两人之间沟通的实际问题是：如何获得你（或对方）或双方想要的

结果？有个潜藏的情绪问题是：当得不到你想要的结果时，如何让自己避免情绪的沮丧、失望或激动、愤怒？所以，在沟通前，要先接纳双方的意见一定会有不同的地方，讨论事情是针对事情而不是针对人。

在沟通时，则可采用三段式沟通法。

第一步：先确认自己已经完全听懂对方要表达的意思

  当对方说完后，可用自己的话将对方要表达的意思再说一次，确认是否如此。

第二步：呼应、赞同你支持对方的部分

  在对方所说的内容中，先呼应赞同你所支持的部分。（"我同意你刚刚说的……""我很支持你说……"）

第三步：再加上自己的观点

  补充说明自己的想法和立场。（"我的想法是……""我的感觉是……""我对这部分还有一些想法……"）

4. 支持彼此梦想，容许犯错

尽量支持伴侣内心的意图、渴望、目标、希望、期待和梦想。即使你不一定认同，也需要多一点了解、聆听，并尊重另一半的选择，以关爱的方式给予支持，同时允许彼此有犯错的学习空间。

维护亲密关系，就像共同跳一支舞，两人的脚步、进退、协调，都需要一番磨合。祝福每对有情人，都能舞出精彩的美好人生。

<hr>

● **自我成长练习** ●

——

盘点自己的"应该"与"必须"

○ 我有哪些"应该"或"必须"？

对于我的亲密关系，我有哪些"应该"或"必须"？

对于我的工作，我有哪些"应该"或"必须"？

对于我的生活，我有哪些"应该"或"必须"？

○ 了解彼此间可能的差异

通过几个问题，来确认自己和伴侣间可能存在的差异点。

从你的角度：

A. 伴侣的哪些行为（想法、习惯）让你不以为然、反对或厌烦？

B. 伴侣有哪些地方不符合你的期待？

从伴侣的角度：

A. 你的哪些行为（想法、习惯）让伴侣不以为然、反对或厌烦？

B. 你有哪些地方不符合伴侣的期待？

接着，可再问一个问题：

你没有被满足的期待和伴侣没有被满足的期待有什么不同？

找寻在两人的关系中，哪些是有效的

过去两人相处的经验中，哪些情况下是开心的？

那时是因为什么，创造了这样的开心？

最近还有哪些时候是开心的？（或关系相对来说没那么差的？）

是发生了什么，让情况比较好一点？

如果可能，我们想要（期待）的理想关系是什么样的？

怎么样可以做到？

第七节
读懂对方真正的想法

　　本节从身体距离、非语言姿势与眼球转动的线索等，来看怎么解读一个人。要注意的是，要让自己成为客观中立的镜子，反映与洞察对方，而不是用自己的主观判断来诠释对方，避免投射或价值判断。

对方到底在想什么？

　　不知道在大家生活或工作上，有没有曾经闪过这样的念头："他到底在想什么？""他这样做或这样说，真正的用意是什么？""他是出于善意，还是偷偷在背后使坏？""他是太单纯了，还是心机太重？"

　　这种时候除了自己钻破脑袋想，有的人也会找一两好友"参详讨论"。有时也许是经过众人讨论，或者因为在社会上摸爬滚打久了、看的人多了，也可以猜个七八成。就像现在有很多关于识人术、问话术之类的书籍大受欢迎，都表示读者们很想多了解"对方到底在想什么"这件事。

　　要真正看懂、读懂一个人，可以从很多层面切入。从对方的性格类型来看，有的人很单纯直接、喜恶形于外，有什么说什么，这样的人很容易了解；有的人想很多，大事小事都放在心上，但是都不太讲出来，讲也是讲他已经过滤的，这样的人就比较难懂；更有人说一套、做一套，夸夸而谈，背地里却完全不同，这又是另一种类型；也有的人八面玲珑、面面俱到，当然功力也相当高强，不见得跟你说真心话。

　　想要更了解对方时，通常可以参考以下几种方式。

1. 先准备好自己的观照状态：像清晰的镜子

既然是要"读懂"对方，那"读"的人是不是能很"客观"地观察每一个和对方互动的细节？我常观察到很多人喜欢快速地为他人下结论，好处是不用花太多考虑的时间就能决定如何跟对方相处，坏处是往往识人不明。在"读"人之前，要让自己像镜子一样清晰，只是将对方的行为、言语、感受等映照出来，再慢慢感受与咀嚼推敲。这样比较能冷静地观照大局，更能真的读懂对方。

2. 解读对方的行为模式、动机需求

每个人在当下遇到某件事所做出的反应，与他过往的成长经验、价值观、内心的渴望和心理需求等都有关系。能不能从他的谈话中听到弦外之音，听到他的坚持、渴望与信念，这就需要花一番心思了。

3. 观察对方的表情、姿势与肢体语言

非语言沟通通常包含身体动作（表情、姿势、声调、节奏、手势）与空间关系（双方的距离）等，假如语言上的沟通信息和非语言沟通信息不一致，往往表示有潜藏的冲突或矛盾。譬如在职场上，我们常常会遇到一个情况，老板说可以，可是你从他的表情和语调中，就知道答案是不行。

还记得我小时候，每当假日想和同学出去玩时，父亲都会"有点严厉"地问我，要去哪儿、和谁去、什么时候回来，在我嗫嚅回答的同时，心中隐约已经有了答案，我爸应该是不会让我去的，他还不用回答，我就知道了。几次之后我就直接放弃，提都不会再提。

相信大家都有类似的经验，明明对方说的答案是A，可是从他的表情和肢体语言中，我们就知道并不是这样。美国心理学家有个研究，当我们在沟通时，倾向相信非语言线索大于语言线索，55%的判断是根据脸部表情和肢体语言、38%根据语调和说话快慢，只有7%是根据说话内容。所以非语言的线索要表达的占了93%。通过语言与非语言线索，我们就能试着解读对方传达的信息与隐讳暗示。

从动作姿势来解读对方的想法

　　沟通时，脸部表情可以让我们知道对方的情绪，而肢体动作可以让我们明白情绪的强度。下面列出一些动作姿势所代表的含义，仅供参考，因为每个人受文化、家庭或自己习惯的影响，不一定会做出类似的动作，这只是一个统计下的大致定律，大家可以在生活中自行观察与判断。

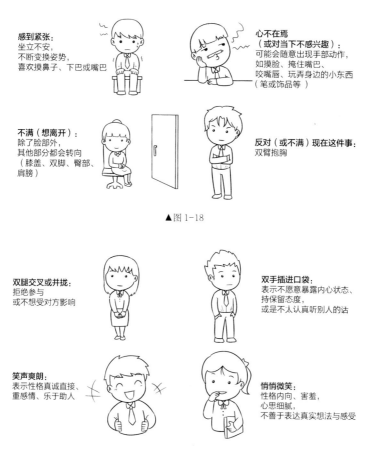

感到紧张：
坐立不安，
不断变换姿势，
喜欢摸鼻子、下巴或嘴巴

心不在焉（或对当下不感兴趣）：
可能会随意出现手部动作，
如摸脸、掩住嘴唇、
咬嘴唇、玩弄身边的小东西
（笔或饰品等）

不满（想离开）：
除了脸部外，
其他部分都会转向
（膝盖、双脚、臀部、
肩膀）

反对（或不满）现在这件事：
双臂抱胸

▲图 1-18

双腿交叉或并拢：
拒绝参与
或不想受对方影响

双手插进口袋：
表示不愿意暴露内心状态、
持保留态度，
或是不太认真听别人的话

笑声爽朗：
表示性格真诚直接、
重感情、乐于助人

悄悄微笑：
性格内向、害羞，
心思细腻，
不善于表达真实想法与感受

▲图 1-19

观察空间距离，可看出心理距离

每个人都有自己的地域性，从地域性的空间距离可以看出彼此的心理距离。研究中可看到，一般人会有四种空间距离：

亲密距离 45cm 以内	**从两人有实际碰触到 15~45cm（1步以内）：** 表示两人关系亲密
个人距离 45~120cm	**近距 45~75 cm（可轻松碰触对方）；远距 76~120cm（约1步）：** 若要讨论私密话题时可稍近，但又不会冒犯
社交距离 120~370cm	**近距 120~200cm；远距 200~370cm（1~3步）：** 正式的交际应酬
公众距离 370~750cm	**近距 370~750cm：** 用于非正式聚会场合； **远距大于 750cm：** 教室中的教师与学生、主管与一群员工、名人与观众

若想增进彼此的关系，
可以很自然地拉近两人之间的距离，也可以测试对方和你的心理距离有多远

从眼睛线索解读说话的真与假

当我们在撷取内在经验（回忆事情、想新点子、看书思考……）时，眼睛肌肉会很自然地转动，来刺激大脑相对应的神经与区域。我们可以通过询问特定的问题，看对方眼球转动的相对应方向，来了解对方回答的是真是假。这是神经语言学中一个解读眼睛线索的方法。

以下眼球的转动方向是针对惯用右手的人设定的，若是惯用左手，左右的方向就会相反。请大家边阅读，边看着图1-20的眼球转动方向。

当一个人的眼球转动方向朝向上方，表示他正处在运用视觉处理的状态下，如果是偏向他自己的左上方，是属于视觉回忆（过往曾经经历过的画面），偏向他自己的右上方是属于视觉创造（创造虚拟不存在的画

面）；朝中间方向左右转，表示是听觉方面，朝左代表的是听觉回忆（曾经有过的听觉记忆），朝右代表的是听觉创造（虚拟没发生的对话或声音）；另外他的左下角是内在对话（表示现在正自言自语，或想事情），右下角代表的是触觉和感觉。

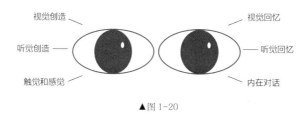

▲图 1-20

现在你可以找一个朋友进行实地问话，参考下列三个练习，将会发现其中有趣的地方。

一、视觉线索练习

1. 你可以先问对方几个"跟以前回忆有关的视觉画面"的问题，当对方回忆时，他的眼睛就会往他的左上方看。（若他往右上方看，有几种可能，一种就是他是左撇子；另外一种表示他当时并不是在回忆，而是在编造画面。）

2. 然后再问对方几个"视觉上不可能发生、很夸张或还没有发生的画面"的问题，仔细观察他的眼睛，会发现他的眼睛是往他的右上方看。

视觉创造	视觉回忆
想象一下（描述不可能、很夸张或还没发生的画面给对方）	回想一下（描述需要让对方回忆过去的问题）
1. 十年后，你很有成就的样子，是什么画面？	1. 你小时候家里客厅的沙发，是什么颜色？
2. 哆啦 A 梦爬到首相府的旗杆上，旁边有宪兵要抓他。	2. 你读小学时，印象最深刻的一个场景是什么？
3. 假如你可以举起整个高铁列车，往天空甩。	3. 刚刚来的路上，你看到了什么？

当你问对方视觉的问题，而发现对方的眼球是往中间（听觉）或下方转动，表示对方的接收信息模式，可能是倾向听觉型（中间）或感觉型（右下），也可能是他在心里有一些自我对话。可以一边聊天一边观察，看对方的眼球转动，大致猜测他心中在想些什么。

二、听觉线索演练

1. 你可以先问对方几个"跟以前的听觉回忆有关"的问题，当对方在回忆过往听过的声音时，他的眼睛就会往他的中间偏左看。

2. 然后再问对方几个"听觉上不可能发生、很夸张或还没有发生的声音"的问题，仔细观察他的眼睛，会发现是往他的中间偏右看。

听觉创造	听觉回忆
1. 如果唐老鸭唱生日快乐歌，你会听到什么声音？ 2. 火车上的播音员，广播祝你生日快乐，要大家一起在火车上唱歌给你听。 3. 如果有一千个人跟你说恭喜发财，听起来会是什么感觉？	1. 你最喜欢哪一首歌？在心里唱一段。 2. 你家人都是怎么叫你的？在心里重复几次。 3. 刚刚来的路上，你听到了什么声音？

三、触觉线索和内在对话演练

1. 你可以先问对方几个"跟触感或感觉有关"的问题，当对方在回忆这个感觉时，他的眼睛就会往他的下方偏右边看。

2. 然后再问对方几个"会让他在心底和自己对话"的问题，仔细观察他的眼睛，会发现是往他的下方偏左看。

触觉或感觉	内在对话（声音）
1. 感觉一下，很舒服地躺在草地上的感觉。 2. 感觉一下，现在你的身体哪里最紧绷？ 3. 把心爱的人抱在怀里，有什么感觉？	1. 你常常在心里怎么鼓励自己？现在跟自己说说。 2. 你今年订的计划，在心里跟自己说一定要完成。 3. 在心底随便跟自己说些话，你说了些什么？

和朋友聊天时，可以观察一下，对方在讲到跟"画面"有关的事情时，眼球是朝向哪个方向，以判断他所说的内容究竟是曾经发生过的回忆，还是他为了制造效果而编造的内容。譬如有人很兴奋地跟你说，他昨天看到某位大明星，如果他的眼睛是朝右上方看，表示这根本就是他自己编的。同样，当对方说话时，你如果发现他的眼睛朝向左下，表示他现在内心有一些声音在与自己对话；如果是朝右下，表示他现在有一些感觉或触觉的反应。大家平常可以多观察、多练习！

第二章

发展心理学
与人生地图

第一节

影响一生幸福的生涯发展阶段

第二节

建立信任与安全依附的婴幼儿期发展

第三节

儿童期是建立自尊、自信
和人际关系的关键期

第四节

寻求独立与生涯探索的青少年期

第五节

安身立命与自我实现的成人发展

第六节

快乐银发族：传承与放下的老年期

第七节

那些生命中的"重"与应对之道

这几年，"幸福"这个字眼出现在各大媒体中，广告、杂志、影视剧中都能听到这两个字。当我们在生活中问别人，或问自己或被人问："（你）快乐吗？""（你）幸福吗？"除非不经意地随口回答，否则很容易就会开始思考："幸福是什么？""快乐是什么？"

心理学可以从很多角度来探讨"如何过得更幸福"这个问题（如同本书其他章节），而有一个很重要的研究领域，会从我们婴儿时期开始探讨，到儿童、青少年、成年、老年等阶段，乃至走完一辈子的路途，离开人世。在这些不同的人生阶段历程中，我们的身心都会持续成长与变化，也渐渐学会如何在大环境中做到"适者生存"。**怎样才是比较好的发展方式、在不同的人生阶段要注意什么，就是发展心理学所探讨的内容。**

如果说，生命是一段旅程，那我们每个人从出生开始，就踏上属于自己的旅途，也可以说是"**自我实现、追求幸福**"的旅途。旅途的早期，通常会有家人的照顾，然后开始接触周边的人，与社区、学校、朋友、更大的世界联结。

在这趟旅途中，每个历程都有意义、都很重要。而这里谈到的幸福，是关于我们**在面对不同阶段的内外挑战时，如何妥善发展生理和心理等各层面**，以创造自己所追求的圆满人生。而在这些阶段中，生死议题是早晚会碰到的，尤其当疫情可能会成为常态，如何在不同生命阶段更好地适应与安顿，更加重要。

影响一生幸福的生涯发展阶段

我的女儿现在上小学二年级了，儿子也已经四岁。还记得从老婆怀孕开始，我就不断地搜集各种怀孕期营养维护、胎教、婴儿照顾、如何保持良好情绪等信息。女儿出生之后，更是有各种大小事需要注意。宝宝的眼睛什么时候能够看到人？多大可以开始吃辅食？什么时候会开始认生？什么时候开始依赖？等到她会通过简单句子表达自己的想法，我们就开始想之后的教育，什么时候要上幼儿园，她的个性要注意哪些细节，到小学阶段又要开始留意学习状态，要怎么发展她的兴趣与才艺，等等。

相信对每个抚育过小孩的爸妈来说，在面对小婴儿时，都会有很多焦虑、不安、担心。到底这样喂对不对？到底孩子现在这个阶段的身高、体重有没有符合标准？到底要多抱小孩还是要少抱？该不该让小孩一直哭呢？以后上幼儿园、小学，又该怎么教育才好？要养成孩子的哪些能力或个性，对以后才会有帮助？

也有很多父母正面临孩子的青少年阶段，当孩子叛逆了，很多想法开始不一样了，希望能有自己的空间，变得更加重视朋友，该怎么与他们相处？该走怎样的升学路线？青少年时期也是相当令家长费心的阶段。

到了孩子准备进入大学时，该如何为以后进入职场而准备？哪些是他的优势？什么是他喜欢的？什么是他想要的？他的价值观是什么？这些都是需要面临的问题。孩子长大成人，进入职场后，更会在工作上遇到自我实现的问题，以及要做什么工作、该不该换工作、是否要进入婚姻、如何应对中年危机之类的课题。到了老年，便要思考该如何规划自己的退休生活。

生涯发展阶段为我们提供参考

不可否认，人从出生开始，就不断迈入成熟，也渐渐迈入衰老与衰退。我们需要比较早地注意到自己的一生该注意些什么，就好像摊开一张人生地图，让自己有所依循。

对于生涯阶段该怎么划分，每个学者的时间切点不一定相同，埃里克森（E.H.Ericson）的心理社会发展理论分成8阶段，纽曼（Newman）则分成11阶段，为了方便理解，我把跟个人生涯与心理发展有关的内容整理为9阶段。

创新大师克里斯坦森（Clayton Christensen）博士在他所著的《你要如何衡量你的人生？》中提到，他会问学生3个问题：

1. 如何知道我的工作生涯可以快乐、成功？

2. 如何知道我与配偶、儿女、朋友间的关系可以成为快乐源泉？

3. 如何知道我这一生会坚守原则，以免除牢狱之灾？

我想关于第1和第2个问题，大家都可以参考生涯发展阶段中，自己、家人或孩子当前所处的阶段，作为对照的蓝图。

生涯9阶段的发展任务、心理危机与核心历程：

生涯阶段	发展任务	心理危机	重要人际关系	核心历程
婴儿期 0~2 岁	社会依恋 感觉、知觉、运动 情绪发展	信任与不信任	母亲	学习对父母的安全信任与依赖
幼儿前期 2~4 岁	语言发展 自我控制	自律行动与 羞怯怀疑(害羞)	父母	学习靠自己的意志来控制生活 通过模仿来学习
幼儿后期 4~6 岁	早期道德发展 自尊 群体游戏	主动自发与 退缩愧疚 （罪恶感）	家人	学习自主思考和行动，要培养好奇心与行动力
儿童期 6~12 岁	友谊、技能学习 自我评价 团队游戏	勤奋进取 与自贬自卑	学校、邻居	学习依靠自己的勤奋努力获得成果的体验
青少年前期 12~18 岁	身体成熟 （包含性成熟） 情绪发展 同伴群体关系	自我认同 与角色混淆	伙伴、团体	发展与伙伴的关系，并学习两性相处

青少年后期 18~22 岁	尝试独立自主 性角色认同 职业选择	个人认同与 认同混淆	伙伴、团体	了解自己的个性、价值观、未来想要过的生活,建立自我意识
成人前期 22~35 岁	工作方式 生活方式 结婚生育子女	友爱亲密与 孤立疏离	友情、性 竞争、合作	在工作领域累积专业 在情感领域建立稳固关系
成人后期 35~65 岁	夫妻关系 家庭管理 养育子女 职业经营管理	精力充沛与 停滞颓废	共有家庭分工	准备世代传承 提携后辈
老年期 65 岁以后	个人生活的统整 退休适应 身体衰老的适应	自我荣耀(统整) 与悲观绝望	全体人群	整合今生经验,让自己无憾

通过生涯发展阶段来读人

当我们说自己很了解一个人,都是从哪些角度来了解呢?从他的个性、习惯、优缺点?发展心理学看人的方式,就是从对方的成长背景和不同阶段的发展状态来了解他。

就像我们平常生活中,会很自然地以幼儿园、小学、初中、高中、大学、工作、退休来划分自己的阶段,每个阶段都有需要学习的核心关键和课题,这就是所谓的发展任务。前一阶段的任务如果可以有效达成,将有助于下一阶段的学习,甚至发展得更好;若前一个阶段的任务没有发展好或失败,很可能就会导致下个阶段出现瓶颈,甚至停滞。

譬如婴儿期(0~2岁)是我们要建立信任和安全依赖的关键期,如果父母在照顾的过程中，能带给我们安全感，我们日后在成长和待人处世的过程中，就会较稳定、能信任；如果婴儿期父母采取忽略、冷漠，或强势责骂，久而久之，孩子的个性也会变成相对应的冷漠或指责型，这是他们从父母身上看到、学到的方式。

曾听一些朋友私下聊天时，提到小时候与父母的互动状况，会发现有些父母对待小孩的方式，很不理性、随意责骂、将孩子当作自己的财产并任意对待。再往回推，这样的行为模式可能又源自他们的父母在小时候也被如此对待。当他们长大后，如果没有"觉察"自己身上带着小时候的情绪创伤和"地雷"，很容易就会在自己当父母时再转嫁给下一代。

每当看到这样的现象，我心中都不免捏把冷汗。有些心理学派提到：家族会传递行为模式和能量给后代，这就是最好的例子。在从小到大的发展过程中，尤其是当年纪还小时，我们比较难掌握自己的生活，也更容易受到父母的影响。只能说，当年纪增长，能独立自主之后，就是我们开始重新"选择"要用什么价值观、什么方式继续往前走的时候。

有人说，当自己成为父母，开始照顾小孩后，就会更感谢自己的父母。这句话对多数人是成立的，但我身边也有些朋友，在照顾自己的孩子时，突然回忆起小时候被父母对待的方式，反而更加不能谅解，往往一谈到就充满情绪。听完他们叙述的故事，也能理解为什么会有这样的反应。

我时常提醒身边朋友，对自己和小孩相处的行为模式，真的要警醒，不要将过往的负面经验继续传递下去。而好消息是，经过自己的觉察、调整或疗愈，这些过往受影响的观念或行为模式是可以慢慢转变的。

了解发展阶段的另一个好处是，当我们知道对方过去所经历的过程后，便能理解他现在为什么会有这样的情绪或行为反应，也能多一些包容与宽恕，尤其是对于过往曾被父母不当对待的人，如果能够试着去看父母当时所面临的处境，在理解与体谅之后，才有可能包容和宽恕，也才能开始之后的正向循环。

了解发展危机与核心历程

在人生各发展阶段中，都会有潜在的心理社会危机，代表我们在每个阶段都必须付出努力，来适应该阶段必须要学会的社会要求。

在实践过程中，我们的身心会处于一种紧张与抗压的状态，一旦顺利克服而解除，就能往下一个阶段发展。譬如青少年期会遇到与同伴相处的问题，有些人可以顺利度过，学会如何自在应对；有些人则可能会遇到挑战，也许是内向、不知该如何表达，也许是迫于同伴压力而勉强做自己不想做的事情。

当我们面临种种压力而停滞不前时，只要身边有人可以提供帮助，危机也可以变成转机。而各阶段的核心历程就是该阶段必须学会的关键能力。

我自己在初高中时，就是很内向的孩子，因为升学压力，每天就是两点一线地在家和学校之间往返。考上高中后，我最想做的就是通过社团活动来磨炼自己的个性。当初参加社团时，我看到女生还会害羞得语无伦次，甚至口吃。很庆幸有学校辅导老师的协助，让我慢慢地了解自己，也开始尝试更外向地和同学互动，之后个性才慢慢转变。

建立信任与安全依附的婴幼儿期发展

以前曾有"三岁看老"的说法，意思是三岁前是智能发展的关键时期。而近年来脑科学研究发现，在我们一生中，大脑的神经（突触）和路径还是会不断因为学习而增加，这是"神经可塑性"。因此在智力发展上，已经打破了过去的迷思。

那么，在情绪发展上又如何呢？

当我们在照顾婴幼儿或儿童时，相信大家都曾有过这样的疑问——到底该不该多抱孩子？当孩子大哭时，到底该怎么做？当孩子很依赖父母时，到底怎么样才是比较好的处理方式？这就要提到影响我们一生亲密关系和幸福的"依附理论"。

在 18 至 19 世纪时，曾有人发现，在孤儿院中的儿童，不用担心吃住，但因缺少人力照顾安抚，容易死于悲伤情绪；20 世纪三四十年代，美国医院走廊上也有成群的孤儿因为缺乏身体碰触与情感交流而死亡。

当时精神医学的主流是大家耳熟能详的弗洛伊德精神分析学派，主张个人的问题来自内在潜意识冲突的投射与幻想；母亲和家庭成员的溺爱会导致孩子过度依赖和黏人，长大后就没有能力照顾好自己，所以对孩子要保持冷淡和理性距离，即使孩子生病也必须保持距离。所以当时的父母必须在医院门口将生病住院的孩子交给院方，不能留下来陪伴。然而，孩子们所展现的诸多不适应现象，让当时的心理学界与精神医学界开始注意与研究背后的原因。

影响人际关系和亲密幸福的依附关系

英国精神科医师约翰·鲍比（John Bowlby）排除众议，经过一系列的研究，证实对孩子而言，情感交流、爱的抚触，是相当必须且重要的。

加拿大安思沃斯（Ainsworth）的实验，整理了四种情感依附的状态：

1. 人们会关注自己所爱的人，并在身体与情感上与所爱的人保持最近距离；

2. 当人们难过、沮丧、缺乏信心时，会很自然想找这个人；

3. 和所爱的人分开时，会想念他；

4. 当我们探索和冒险时，会希望这个人陪在旁边。

而后续许多学者的研究，更证实了依附理论也适用于成人的亲密关系。可见这是从婴儿时期就会影响我们一生幸福的关键之一。

婴儿依附发展的阶段与特征：

阶段	年龄	特征表现
1	出生至 3 个月	**不管是谁，反应都一样** 通过自然反射性的微笑、凝视、眼神追踪、伸手抓握、拱鼻子、吸吮等行为，吸引照顾者的注意
2	3~6 个月	**开始对特定对象有偏爱反应** 对于熟悉的人，会出现更多微笑和兴奋反应； 熟悉的人离开时，会有些许焦躁不安
3	6~9 个月	**会主动寻求与依附对象的身体接触** 通过爬行、伸手、抓握等方式希望能更亲密
4	9个月~1岁	**开始了解依附对象的行为反应** 从父母的表情含义、语调，了解父母的喜好； 开始有分离焦虑
5	1岁以后	**会用各种方式影响依附对象的行为** 为满足自己的安全感和亲近的需求，会设法影响依附对象的行为，譬如要求讲故事、拥抱、父母出门时也要跟着出门

婴儿期的孩子还无法照顾自己，会很自然地与主要照顾者形成一种强烈的情感联结，建立一种亲密依恋（依附）关系，就像是"只要在这个人身边就会很安心、很安全"的感觉，这也会成为日后人际和社交关系的基础。通过学者研究，共有三种主要的依附行为模式：

1. **安全型依附：**

因为妈妈给予足够的注意与安全感，所以当妈妈（主要照顾者）在场时，孩子会主动探索环境，也敢与陌生人交流；妈妈短暂离开时，孩子会感到难过，但当妈妈回来时，会恢复笑容，继续探索环境。

2. **焦虑—躲避型依附：**

因为妈妈较少回应孩子的需求，有时甚至给予不愉快或伤害性的回应，所以孩子很难被照顾者安抚。当父母离开后，孩子不会觉得难过，隔一段时间，父母回来后也不会很开心或想和妈妈接触，而是冷漠回应，主要原因是要保护自己以免自己的需求被拒绝而产生失落感。

3. **焦虑—反抗型依附：**

因为妈妈对孩子有需求时的反应不一致，有时会让孩子觉得安全，有时又会受伤，导致孩子想维持亲近但又怕受伤的挫折。所以，即使妈妈在时，对陌生人还是会很警惕；当妈妈离开时，会很悲伤难过、哭闹，也会停止探索环境；当妈妈回来时，会想亲近她，却仍会表现出生气与不安。

婴儿期孩子和母亲（主要照顾者）建立安全的依附质量是很重要的，与孩子三岁半到五岁时是否可以积极适应幼儿园的团体生活有关。能建立安全依附的儿童，在学龄前阶段会有较大的可塑性、自我控制力和好奇心。当他在学习与同伴相处时，也会有比较稳定、有安全感的关系。

大家可以回想一下，在青少年和成人的恋爱关系中，对另一半的情感依赖，也会看到类似婴儿期这样的依附关系，就是需要另一半的情感交流与身体接触，以带来安全感。如果在小时候学到的是"焦虑—躲避型"或"焦虑—反抗型"的依附，在之后的人际关系、亲密关系，甚至亲子关系中，就得意识到还有些功课要做，才能让关系更圆满。

有些时候，在青少年或成人期，当我们回头来重新观察自己在依附关系上的反应时，也有可能重新以大人较成熟的角度来诠释，譬如小时候觉得父母都不陪自己而有疏离感，当长大后发现是因为父母必须忙着养家糊口，已经没有多余心力，有了这样的体悟，就能开始选择以新的方式和身边的亲人互动。

而提高对他人的"需求敏感性"，也是可以加强的部分，包括对孩子状态的注意、对孩子释放信号的正确解释，以及促进适当的互动交流反应。这些也都适用于成人沟通。

谈到孩子的发展，"气质"也是很多父母会讨论的重点。有很多研究显示，活动力、社交性、情绪性等，在很大程度上受基因遗传的影响。比较好活动、好交际的孩子，往往容易和人交往相处，也会因为被别人注意而有积极的反应；比较被动、内向的孩子，相对不习惯与他人互动，当被注意时，也会有退缩反应。

很重要的是，父母的气质与孩子的气质之间的适应状况，对亲子关系有很大的影响。譬如父母是主动、社交型的特质，难免会对内向型的孩子感到失望，而期望孩子活泼一点。反过来，如果父母较内向，而孩子是外向活泼型的，父母也会不太容易接受。因此，当彼此的气质或特质不同时，如何互相调整达到平衡就很重要了！

父母的敏感度和回应态度，是孩子产生信任感的关键

当孩子处于婴儿期时，是否能建立信任是一个关键的心理社会危机。对成人来说，信任是指对他人可预见的、可依赖的、真诚对待的评估，是一种在人际关系中长期经过考验而累积的信念，相信可以禁得起未知的风险。

而对婴儿来说，信任是一种情绪、一种对自身的需要可以被照顾者满足的亲身体验与感受。当婴儿相信自己的需求可以得到满足，就能

增加"接受延迟满足"的能力（因为知道之后一定会有，而不会担心失去），也会在和家人相处时，表现出明显的热情、愉悦和兴奋。这些都是婴儿有信任感的表现。要让婴儿有信任感，很重要的是父母的敏感度和回应态度。

当孩子还不能言语，只能通过有限的哭喊或表情来表达痛苦信号时，父母越快解读并且正确回应孩子的需求，孩子就会越有安全感。

所以当婴儿期的孩子哭泣时，从上述的心理依附需求和信任感建立的角度，建议父母要马上关注，并且细心地找出造成孩子不舒服的原因。

偶尔一两次来不及或疏忽，影响还不大；若长期如此，就很容易让孩子对这个陌生的世界种下不信任的种子，不可不慎。

让孩子建立安全感的小游戏

容易没有安全感的小孩，会因为不安的情绪而让理性冻结，进而影响学习力、处世能力以及平日和同伴的相处。可以让他们参加能够感到温馨、支持、温暖的游戏，来增强他们的安全感，降低不安感。

1. 躲猫猫：

在玩的过程中，孩子会发现不管看不到父母的时间有多长，最后都还是会见到他们，因而增加看不到父母时的安全感。

2. 寻宝游戏：

将某个物体（玩具）藏起来，让孩子去找，当孩子越接近时就大声发出"哔哔"声，远离时就变小声。这也可以增加孩子对"东西暂时消失"习以为常的经验。

3. 多一点肢体碰触：

对孩子来说，爸妈的拥抱或身体的碰触都会带来安全感，像亲子间的脸颊碰触、帮孩子呵痒、一起嬉戏，都会让孩子更有安全感。

4. 暖身操：

带孩子一起做伸展体操，肢体的扩展可以帮助其放松心情，同时也通过外在行为的改变，让孩子变得开朗。

▲图 2-1
通过躲猫猫的小游戏来强化孩子的安全感

第三节

儿童期
是建立自尊、自信和人际关系的关键期

如果你已为人父母，要尽量留意你对孩子所说的每一句话以及所显露的情绪，这些都会产生潜移默化的影响。多看到孩子的优点，鼓励孩子，帮孩子看见自己的好，多多种下正向、积极的种子，这将会是一辈子的礼物。

建立良好的自我评价，从小时候做起

我们常会看到有人对自己的评价比较高，不管做什么事情都很有信心，有时甚至太过自信或骄傲；也有人对自己比较缺乏信心，不管做什么都犹豫不决、缺乏行动力，甚至有气无力。这些对自己的评价（自我概念）究竟是怎么形成的？

其实最早从婴儿期开始，经历婴幼儿期、幼儿期、儿童期、青少年期、成人期、老年期，我们的自我概念和对自己的评价都在不断形成、改变和累积。这些自我概念来自我们在不同阶段与外在环境人、事、物的互动，所形成的对"自己是谁""会什么""不会什么""喜欢和不喜欢什么"的理解和观点。

人们很自然会对自我的各个方面做出价值评估，包含身体自我、反映在别人行动中的自我、自己的愿望和目标的完成度等。对自我评价的高或低，会影响到我们在待人处世时的心态、动机和行为反应。这种自我评价，也可称为"自尊"，来自下列三个基本信息：

1. 别人的爱、支持和赞成的信号。

2. 具体的特色和才能。

3. 把自己和别人进行比较，或"理想中的自己"与"自己现况"比较后的结果。

自我的特定信息，是在日常生活中通过成功或失败的经历、能力在某些方面受挑战之后的反应而累积的。当儿童（或各阶段）在学习新事物（包含体育活动、社交技能、课程知识、问题解决等）时，他人正面鼓励式反应或自己取得成功时的喜悦，都可以形成积极的自我意识。

经过上面这些过程，如果能感受到被爱、被肯定、被称赞和成功的感觉，就会对自己产生价值感；而如果感觉到被忽视、被拒绝、被嘲笑、有缺陷和失败挫折感，就会对自己产生无价值感。

值得注意的是，并不是每一种能力在家中、在学校、在朋友眼中、在职场上，都具有同样的价值。有的家庭注重成绩学业，有的注重品格，有的注重才艺，有的注重社交能力；有的学校在意升学率，有的注重特殊表现，有的重视社交关系；有的朋友在意好不好相处，有的在意共同的兴趣，有的在意团体中的表现。

对实现目标所需能力的评价会影响一个人的自尊。所以在他人眼中很成功的人，有可能还是会觉得自己一无是处；或者即使别人并不看重能让这个人获得满足的活动和特质，他自己仍然会感到骄傲与自信。原因就在于这个人对自己所在意的能力的评价。

父母的管教方式也会影响孩子。若父母是以攻击责骂、严厉控制、独断专制来约束孩子，孩子会收到许多负面的情绪，也较容易造成自我价值低落。而当父母以开明讨论、积极愉快的方式，又能自然地表达情感与要求时，孩子会从父母身上学会该如何与他人正向沟通。

当社会不断进步，多元价值观渐渐让我们有更多可能与选择，每个人也有更多发挥自我特质的机会。就像我小时候，"打游戏"是一个不被多数父母认同的活动，但随着时代转变，游戏产业的兴盛和许多知名国际游戏赛事的举办，造就了完整产业链、新的工作内容和专业游戏选手。所以对于喜好游戏的人而言，也多了许多可以发展和提高自我评价的空间。

各种网络媒体的兴盛，也让这个时代的孩子、年轻人、上班族有更多可选择和自我实现的舞台。在我看来，当今父母也必须得跟上时代变化的脚步，依照孩子的兴趣与能力，多给予鼓励。孩子需要的是建立相信自己可以快速应对时代变化并学习新能力的自信心和自我认同。

上述的这些感受与自我评价，从生命的早期（婴幼儿期之前）就已经开始影响我们，所以帮助孩子建立良好的自我评价，要从小时候开始做起。当我们还小的时候，这些影响是自己无法控制的，而当我们愈趋成熟，就可以重新检视对自己的概念和评价，看看它们从何而来、是否合理，哪些是我们想保留的，哪些是我们想改变的；思考成为父母后，我们又能带给孩子哪些观念。

学龄儿童很容易体验到沮丧感和无价值感。（其实面对职场变化与挑战的我们又何尝不是？）对于这种自尊（自信）的降低，可以视为暂时的波动。幼儿需要成人经常向他们保证他们是有能力的，而且是可爱的。他们需要大量的机会来发现与表现自己的天分和能力。

影响自我评价的另一项因素，是罗森伯格（Rosenberg）所提出的"背景性失调"，指的是儿童会受他们直接接触到的社会群体（社区、学校等）在种族、社会阶层、价值观等方面的影响。譬如国外的研究显示，生活在全是黑人地区的黑人小孩，会比生活在人种混杂地区的黑人小孩自尊感更高；或同样是小康家庭的孩子，如果就读一般的公立学校，会比就读私立贵族学校的孩子更自在，比较有归属感和关联感，也就更有自尊。

而如果儿童所在的家庭重视的价值和他直接接触的社会群体重视的不同，即使在家庭中能得到支持，孩子在社会群体中还是会面临价值混淆的危机。譬如父母鼓励孩子发展自己的兴趣和才能，但学校还是很在意升学与成绩排名时，孩子面临与同学之间的攀比竞争，对自己的价值也有可能出现怀疑。这时父母与老师的理解和开导就相当重要。

孩子的学习，从模仿父母开始

孩子的学习，从模仿开始，学习父母的手势、声音、表情，成人的对话、动作，广告或故事的台词等，可以说儿童是在模仿中成长的。

父母（养育者）在面对子女时的态度，或采取的行动，称为"养育态度"。父母怎么和子女相处，对子女的个性将有很大的影响。太过宠爱，会造成孩子任性；干涉太多或过度保护，会使得孩子太依赖；太过严厉则会让孩子容易退缩、不敢冒险。

心理学家班杜拉（Bandura）的学习论，主张教育孩子时，身教示范才是最有效的。儿童通过观察和模仿身边的人来学习，尤其如前面所说，儿童对父母有强烈的依附，所以父母就是孩子最亲近的榜样。重要的不是父母说了什么，而是父母做了什么。当孩子通过模仿学习到父母的行为，他会对自己和心中的榜样（父母）有同样行为而感动、高兴，这是一种心理的"认同"，觉得自己和父母很亲近。

女儿涵涵两岁时，当我看到她突然做出一些动作时，就会和她妈妈说："你看，这是学你的。"又或者，听到她学我们说话，我就会提醒自己，在孩子面前真的要谨言慎行，才不会让她学到不好的习惯。

寻找内心认同的正向典范，让我们效法并持续进步

所谓"认同"，就是把他人的价值观和信仰（信念）汲取过来，成为自己所相信的价值与信念的过程。"认同"是每个人童年期很重要的社会化历程，但生命每个阶段都会持续发生。譬如儿童期对父母的依恋、青少年期对偶像的崇拜，或成年工作后，对自己职场上导师的佩服，都会成为我们所认同的价值与信念，并将他们所代表的观念、价值信念，内化成自己价值的一部分。

心理学研究显示，对父母（榜样）的认同有四种动机，也适用于其他阶段：

1. 对失去爱的恐惧：

这是很原始的动机，让自己和父母在某些方面相像，是为了能与他们更亲密、更接近，让人有"一体"的感觉。而在与朋友的人际互动或两性亲密关系中，因为害怕失去爱，很多人也会采取"认同策略"，就是通过有意或无意的模仿，让自己跟自己在乎的人更相像。

2. 对攻击者的认同：

为了避免受伤，所以做出连自己也害怕的行为，以保护自己。当父母看到孩子的行为和他们一样，就会较少伤害或威胁他们的孩子。这也是为什么有些受害者有时也会成为加害者的原因。通过认同攻击者，我们仿佛与他们一致而非对立，因而不会成为受害者。

3. 为了满足权力或地位：

在家庭中，孩子很容易拥有父母中较强势一方的人格特质；而在生活或职场中，我们也很容易因为认同"权威"所展现的样貌行为，而模仿类似的行为特质。

4. 为了增加"知觉到的相似性"：

若我们的典范榜样有许多很有价值的特质，我们很自然会希望跟他们一样好。不管是生理上、心理上，还是行为上，都是如此。譬如觉得父母（偶像）很有气质、很有品位，或有很好的身材外表，我们也会模仿与学习；觉得偶像很勤奋努力，我们也会兴起"有为者亦若是"的心情。

从上述可知，我们从儿童期开始，就可以通过寻找内心认同的正向典范，效法与学习成功的特质与能力，让自己持续进步、越来越好。

儿童期是学习建立友谊与融入团体的关键期

友谊的建立，是儿童期相当重要的发展任务，孩子要学会融入团体，从自我中心到尊重他人。他们在团体游戏中，彼此交流互动而学习，也会发现每个人的观点和游戏规则都不同。

玩同一种游戏，可能有好几个版本；庆生或过节日的方式，每家也不一定一样。在游戏的过程中，学习沟通、分享、建立亲密的伙伴关系，也学习互相依赖、互相帮助，找到共同的兴趣。

在这个过程中，儿童会学习以同伴可接受的方式打扮、谈话，也会吵架、闹翻再和好。他们会说自己的秘密、有彼此的默契暗号，同伴的影响力会慢慢增加。不被同伴接受时，他们会感到孤独。儿童对同伴友情的需要，会让他们慢慢学习较复杂的社会关系。当他们遭受同伴拒绝时，会有两种反应：一种是因为焦虑而攻击或骚扰同伴以引起注意；另一种是倾向于退缩、压抑、冷漠，但没有攻击性。

我身边常常遇到很多父母，总是担心：孩子会不会和朋友玩得太疯了？会不会花太多时间和朋友相处，参加太多朋友的聚会？通过上述说明，相信大家会发现，儿童期是孩子学习与朋友相处并且能融入团体的关键时期。所以千万不要因为期望孩子有很好的课业成绩，就禁止孩子与朋友相处。好的人际相处能力，对于日后孩子的生涯发展和社会适应都相当重要。

建立孩子自信的暗示引导法

其实，"暗示"是我们在生活中很常做却不自知的一件事。可以多和孩子说些积极正向的鼓励话语，善用正面的暗示来引导孩子，帮助他们建立自信心。（请参考第三章第四节的内容。）

1. 睡前鼓励法

将睡未睡的恍惚状态，正是潜意识最容易接受暗示的时候。可以在孩子入睡之前，轻声细语地对他说些温暖的话语。例如："爸爸妈妈最爱你了！""你好棒，今天表现很好哟！""每天都要这样哟！"可以对孩子表达关爱，或者把今天看到孩子做得不错的地方说出来，并且告诉孩子"会越来越好"。

晚安，爸爸妈妈最爱你了。好好睡觉哟！

▲图 2-2

睡前对孩子说些温暖、鼓励的话语，能带给孩子积极、正面的感受

2. 起床叫醒法

将醒未醒时，也是潜意识最活跃的时候。孩子需要一点时间让自己恢复清醒，这段时间的长短，对每个孩子可能不同，也许是5分钟、10分钟或更长，要避免用负向、具杀伤力的方式来刺激孩子，而是要用舒服、正向的方式来唤醒。

以下这几种叫孩子起床的错误方式，都会带来反效果：

愤怒地大喝"几点了，还不快起床"；

粗暴地拍打孩子的身体；

直接拉开被子；

反复唠叨碎念；

刻意用起床后的噪声（譬如走路、刷牙、物品碰撞声）唤醒。

凡是用较激烈的动作、过大的声音，甚至叫骂来打断睡眠，都是会剥夺睡眠安全感的叫醒法。

3.时常称赞法

看到孩子的优点时，可以很开心、有力地称赞他，对他说："爸妈知道你很棒，而且会更棒，会一直有很好的表现！"父母的话语，对孩子有很大的影响力。只要父母相信孩子会更好，他们就会有更好的表现。（请参考第一章第二节的"自我预言实现法"。）

· 自我成长练习 ·

—

"美好的一天"叫醒法

每天早晨，试着在孩子耳旁温柔地说："小宝贝，又是美好的一天！准备起床！今天有好多好玩、开心的事情等着你，你的好朋友也会在学校等你哟！动一动手指头、动一动脚趾（从身体末梢开始），准备起床喽！"

以对孩子有吸引力的画面来叫醒孩子，会让他感受到美好的一天即将开始，同时也可以播放舒缓轻柔的音乐，让窗户透进微微的光线。对于睡得比较熟的孩子，可以轻抚碰触，从手、手臂到脸颊，让他慢慢醒来。

寻求独立与生涯探索的青少年期

青少年时期，最宝贵的不只是课业学习，还有各种尝试、探险与探索。青少年时期多方尝试，才能从中摸索出自己的兴趣与发展方向。

以终为始，这一生想要的是什么？

到了青少年期，人们就要从儿童期的依附父母，转而学习独立思考、规划自己的人生。史蒂芬·柯维（Stephen R.Covey）在《高效能人士的七个习惯》中，提到"以终为始"，我觉得很适用于"从青少年到成人"的自我探索追寻之路。"终"是结果、目标，"始"是开始、出发点，就是现在正在做的事。"以终为始"，从"寻求这一生想要什么"开始生涯探索，先确定最终想要达到的大方向、目标与境界，再看看从现在这一刻该如何到达那里。有了方向，面临每一步选择时也就比较清楚。

这一生，要留下些什么呢？什么是自己想要的？从青少年乃至成人，大概在不同阶段都会遇到这个问题。教育心理学博士吴静吉在《青年的四个大梦》中，引用耶鲁大学心理学教授李维逊（Levinson）的研究，提到青年期有四件很重要的事：

1. 寻求人生价值

思考自己在成人世界要扮演什么角色、做什么样的人、追求什么样的价值；拟订对未来的蓝图、生命目标。

2. 寻求良师益友

小时候我们觉得父母是万能的，到了青年阶段，我们会发现世界很大，还需要其他成人作为学习楷模、人生导师，以学习更多观点、经验、指点，让自己少走弯路，站在巨人肩膀上往前看。他们可以是生活中能实际接触的人，也可以是从传记、书本、网络、访谈中间接接触的人。

3. 寻求爱情与亲密友谊的建立

青少年很需要同龄人之间的亲密友谊、肝胆相照与归属感，同时对两性间的爱情也有憧憬。同伴之间的互动，是青少年最在意的。

4. 寻求终身的职业、事业与志业

职业是让自己维持基本生活的保障；事业需要更全然的投入，希望从中有所成就；志业则拉高到更利他的层面。

从同伴、社团、实习中练习独立自主

在儿童阶段，拥有朋友很重要，但并不一定要归属于某个特定团体，朋友圈通常是因高同质性，有较多是因地缘或连带性而产生的，譬如同一个社区、同一个才艺班或补习班、同班同学等。我在青少年时期因为就学的因素，跨地区流动率变高，同伴间的异质性变高，各种次级团体的兴趣与选择也变多。这时候的同伴关系，开始转向更深化理解、互相支持的伙伴关系，对于彼此的价值观、理想、信念也会有更多交流。对青少年而言，这是个逐步切断和家庭联结的脐带，慢慢开始思想与行动独立的阶段。

由于青少年开始寻求精神上、经济上、生活事务处理上的独立，通常也会经历与父母相处的阵痛期。这个阶段的父母，要先有心理准备，青少年叛逆不听话是很正常的，给他们一点空间，但还是要对家庭的规则事先约法三章。在弹性和规则限制这两件事上，父母很需要留意，既要让孩子能有往外探索的空间，同时也不能放纵到完全不加限制，约定界限并能坚定地执行就很重要，这样才能让孩子在追求自由的过程中，

学会承担责任、保持自律和尊重。

父母要明白，青少年唯有经过这个阶段的各种独立尝试（同伴关系、学校表现、参与活动等），建立足够的经验和自信，之后面临就业考验时才会有好的准备。过度保护其实不是好事。

而社团活动会提供一个很好的练习场域，让青少年在自己感兴趣的社团中，与许多来自不同背景的朋友互相交流、一起办活动，学习团队合作与领导力。实习与兼职工作也能带来很好的历练，应鼓励孩子多去尝试。

青少年期，身体也会迅速发育变化，第二性征开始出现，象征离成人又更近一步。男孩与女孩在外形上会遇到不同的问题。通常对男孩来说，身高变高和肌肉变结实是受到欢迎的，而剃须变成一种象征长大的记号。对女生来说，长得太高与胸部的发育，可能会引起窘迫的感觉，因而容易让自己弯腰驼背，以遮掩这些变化。相较于男孩，女孩们比较不喜欢自己的变化。在这个阶段，父母的鼓励与开导便相当重要。

鼓励多方尝试，体验各种角色

除了同辈的相处，从青少年期开始，青少年和家长都要意识到，他们即将面临不同的挑战——要尝试找出未来职业上各种可能的角色。这会是一个"角色尝试"的过程。在这个过程中，青少年可以通过夏令营、实习、社会实践、课程选修、参与各种相关讲座、心理测验评估、广泛阅读书籍与杂志、志愿者服务、媒体采访报道、访谈、实际工作观摩等，试着想象自己未来理想的工作内容。许多研究都发现，未来的教育和职业选择，是多数青少年主要的担忧。

青少年必须开始考虑未来要选择的方向，也要从过去与他人的关系或各种经验中，整合出自己可能适合的选择。影响高中和大学生生涯选择的因素中，以个人因素（能力、兴趣、态度、自我期望）占最多，其他诸如家庭、社会、经济因素等影响则较小。

▲图 2-3
鼓励身边的青少年朋友在各领域多方尝试，增加历练

了解生涯职业选择七阶段

一般青少年在评估未来的生涯选择时，主要会考虑三个方面：读技术职业学校还是读本科、选择什么专业、未来要投入什么职业。

在进行生涯职业选择时，需要把自我概念（需求、兴趣、价值观、能力等）和与工作相关的客观因素（工作种类、工作要求、发展前景等）交互考量，并经历探索、固化、选择、阐释、就业、重组、整合等七个阶段。

职业选择阶段	发展内容
探索	意识到将要做出生涯选择，开始有目标性地了解自己的兴趣、专长、价值观，也开始了解职场世界的生态背景，主要是广泛探索生涯的各种可能性。对未来开始产生焦虑和不确定感。
固化	经由探索，逐渐了解各种可能性的利害关系、各种选择的优点与缺点，删减一些不考虑的选择，慢慢筛选出可供选择的目标。此时会有许多矛盾与两难选择。

选择	经由前面的阶段，确定最后的目标，并且从内心找出挑选这个目标的正面好处。
阐释	为自己所选择的答案建立更充分的理由，也制订出行动计划和步骤。
就业	进入新的职场环境，试着融入并有所表现。开始掌握职务内容，认同新团体的文化、价值和目标。
重组	深入参与新的团体，且有良好表现时，会开始抛出自己的某些价值观与信念，尝试在团体中发挥影响力，做出修正微调，以包容自己的期待。
整合	团体对于新成员的企图改变做出回应，双方达成妥协与共识。新成员对自己和团体有更客观的了解，也被自己与他人赋予成功的评价。

在这七个阶段中，可以看到每个人与团体及工作环境都会相互影响。这是双向选择的过程，个人的能力、兴趣与职业价值都会慢慢呈现。而团体的气氛与状况、工作环境是否符合个人期待，都是很必要的指标。

很重要的是，在做决定的过程中采用哪种决策方式，对选择也会有所影响。有的人倾向计划式决策（找寻资料、评估各种主客观条件，这是较合理的方式）；有的人倾向直觉式决策（运用想象、感觉与情绪，较少搜集信息，而是以某一刻的感觉来做决定），或依赖式决策（受到他人期望与评价的影响而做决定）。

对青少年来说，鼓励他们多方尝试、增加体验、厘清自己的价值观，并学习良好的人际沟通互动和应对技巧，把握每个当下，累积出成果，就会是很好的人生发展准备。可参考第一章第一节的练习，把大目标细分成小目标，慢慢累积小的成功经验，便能逐渐发展出自己的能力与专长。

安身立命与自我实现的成人发展

对多数人来说，从学校毕业、踏入职场后，便展开努力工作、实现理想与抱负的过程。有时候我们会意气风发、信誓旦旦，有时候也会遇到挫折、沮丧低沉。成人期是 22~65 岁，有漫长的四十多年，可算是人生最精华的时期，是每个人可以放手去追求理想与幸福的阶段。之前二十多年的成长过程，都可以算是为了进入成人期、追求自己生命价值的前置准备。

在成人前期（22~35 岁）我们大致会经历工作的探索与定向、财务管理的规划、是否要进入婚姻、是否要养育子女、如何经营家庭生活等课题；而成人后期（35~65 岁）则是关于我们在职场上的社会角色、工作价值与理想的发挥、子女的教育与成才、对年老父母的照顾、退休的准备等课题。相较于前面几个阶段，成人期有更多的可能性与自主性，也必须为自己负起责任。

检视你扮演的社会角色

在探讨成人期可以如何追求幸福的过程中，我们会发现每个人都要同时扮演很多角色，也许是员工、主管、父母、子女、老板、顾客、晚辈、长辈等。一旦进入某种角色，就需要改变自己，以符合该角色被期待的面貌。譬如公司若期待主管是一个能确实掌握工作进度的人，即使一个人原本并不是这样的个性，为了扮演好称职主管的角色，还是必须锻炼自己把控工作进度的能力。

▲图2-4

在各种角色之间，我们该如何取得平衡？

　　社会上对于特定角色的期待，也深深影响着扮演该角色的我们。譬如即使到现在，当女性步入婚姻，有了小孩之后，很多人还是很习惯认为婴儿的主要照顾者就是妈妈。所以每个妈妈都或多或少得面对社会对这个角色的期待所产生的压力。

　　社会角色可以从四个维度来看：

1. 角色数量

　　角色的数量增加，也意味着个人对社会的参与度增加，好处是对社会各层面会有更深入的了解，但复杂度也会同时提升。如果一个人扮演的角色数量很少，对每个角色所付出的心力和时间便相对较多，一旦对其中某一个角色感到挫败，必定会造成很大的影响。所以一般来说，无论我们处在人生的哪个阶段，都鼓励大家在能力范围内，扩充自己扮演的角色量，这也会丰富我们的生活。当然前提是这些角色与我们的人生目标或使命是相同的，若你的人生目标是希望修身养性、过安逸轻松的人生，那么回归本质就比角色数量重要得多。

2. 角色的介入强度

　　介入强度越低，表示这个角色越可有可无；介入强度越高，表示对这个角色所投入的注意力越多、能量越强，因为投入度高，所以相对受这个角色的影响也就会越大。以单亲妈妈为例，她们独自把孩子抚养长大，过程中的辛苦可想而知。当孩子长大独立，自组家庭时，她们就会面临失落的挫折感，这时如果不能预先调适心情，婆媳之间的相处肯定会是问题。可以从很多方面来解决这个问题，如果从社会角色的观点来看，就是让她们找到新的角色重心，转移注意力。

3. 角色需投入的时间

投入时间的长短与强度的强弱是两件事。譬如连锁快餐店的兼职生，需要的投入时间很长，但介入强度（投入与关注度）却因人而异。有的人很认真，会时时关注店内的每个细节，介入度就高；有的人只是抱持着计时算工钱的态度，介入度就很低。如果一个角色需要花费某人很多时间，但他的介入强度低或价值不高，长远来说就会成为这个人受挫的来源。如果要检视自己对生活的满意度，大家可以列出目前所扮演的各种角色，并评估自己介入的强度与投入的时间，看看是否与自己的长远目标相呼应。

社会角色统整表：

扮演角色	干预强度 (以1~7分评分)	投入时间 （%）	角色结构的 定义	与目标呼应度	满意度

4. 角色的结构程度

对该角色定义和要求的详细程度。譬如对警察、法官等角色的定义，就相当巨细靡遗，有清楚的规范；而对父母、伴侣、好朋友这样的角色，结构上的弹性就非常大。当角色为高度结构化时，很可能会出现角色上的适应问题。譬如担任"律师"这个角色被要求必须合乎理性与逻辑，也有很多严谨的执业规范，如果选择这个角色的人本身很感性、很温和，当他面临这个角色时，就会遇到较大的挑战与挫折。反过来说，如果一个人的特质、能力很适应某个角色，那高度结

82

构化的角色因为定义清楚，就能让他发挥得更好。

在多样复杂的角色中，找到自己安身立命的平衡点

如果某些角色并没有一定的规范，那么"扮演该角色的人"和"处在相对应角色的人"，彼此之间的共识就相当重要。若两人对角色的期待意见不合，就会存在大量的冲突。譬如夫妻之间，对家务的分工、对彼此责任和义务的期待、对照顾小孩的观点，甚至对性生活的期待与需求等，都必须有清楚的讨论，不然就会时常发生冲突。亲子之间、主管与下属之间、同事或情侣间，也都是如此。

另外，当我们对某个角色期望过高时，就会出现角色压力。这个期望可能是自己给的，也可能是外界给的，譬如高级主管要面对庞大的公司事务，他的角色压力自然不小。当不同角色之间的要求彼此对立时，就会产生"角色冲突"，譬如一个能把孩子照顾好的母亲，若同时也是公司运筹帷幄的主管，她的时间安排就难免产生冲突。当某个"角色终结"时，也有可能产生相对应的情绪，譬如父母年老离世，我们虽然卸下子女的角色，但心中的不舍、失落等各种情绪，势必也需要时间沉淀清理。成人期的挑战，就是在多样复杂的角色中，找到自己安身立命的平衡点。

面对社会时钟的应对之道

成人期也会面临社会时钟的挑战。社会时钟指的是同一个社会中，对于重大的生活事件（譬如结婚、生子、退休等），人们会倾向有个约定俗成的观点。这种一致性会对个人在某个时期造成"该做某些行为"的压力，也可以抑制与年龄不相称的行为。譬如有些到了适婚年纪的人，每每遇到

家庭聚会就会感到压力大而刻意回避，因为不想再被询问何时结婚。又或是同学之间，因各自发展不同，有的人觉得自己未达到相对应的成就，就会避免参加同学聚会。

随着社会的多元化，这样的社会时钟的压力会稍微降低，但也要看个人所处的环境以及自己的调适程度。与其因为逃避而导致人际疏离，不如主动想好应对之道，让自己更自在。

盘点成长趋势，走向圆满之路

心理学家罗伯特（Robert）提出成人期有五种成长趋势，是每个人在成人期最主要的收获，很值得参考。

成长趋势表：

成长趋势	特点
1. 自我认同的稳定	由于成人期之前各阶段的努力，加上在成人期对个人职业生涯发展的确定，每个人对自我所扮演的角色、兴趣、能力与价值也趋向稳定，掌握度变高。
2. 个人关系圆融自主	因为个人的成熟与独立，较清楚自己的喜好标准，所以能更真实自在地与他人相处。会更确定生活中对自己较重要的人际关系，并产生较深入的互动。
3. 兴趣的深化	因为时间的累积，对感兴趣的事情会发展出更深的了解，也成为满足自己的一部分；同时也会鼓励或引导身边的人发展同样的兴趣。
4. 价值观的圆融	在自我长期发展的过程中，会渐渐发现自己的存在价值与意义；当用心面对自己的体验时，往往能统整出更多的价值意义。
5. 关心层面提升拓宽	当个人任务渐趋稳定圆满，便开始有能力关切超越个人利益的大众事务，会开始投入对大环境、制度的改善和下一代教育等议题。

▲若我们在成人期能有效发挥个人优势特质，之后便会投入有意义的社会关系中

自我成长练习

——

"社会角色"与"成长趋势"大盘点

通过对自己提问的方式，来检视自己目前的状况。请参考下列问题范例，在纸上写下自己的答案。

1.关于"自我认同"

● 我现在扮演哪些角色？哪些角色是我很擅长的？哪些角色带给我幸福、快乐的感觉？

● 在未来的日子里，我希望哪些角色可以发挥得更好？

● 哪些是我觉得做得不错的？怎么样可以更好？我的行动计划是什么？

2.关于"个人关系圆融自主"

● 我的家庭关系经营得如何？

● 我现在最密切互动的人际关系有哪些？（列出十个或更多）

● 这些人际关系带给我什么？哪些是我很喜欢并且乐在其中的？

● 有没有哪些互动是我觉得有点勉强的？我可以选择用什么心态来面对？

● 哪些是我觉得做得很不错的？我怎样做会更好？我的行动计划是什么？

3.关于"兴趣的深化"

● 我现在的兴趣有哪些？我有这些兴趣多久了？这些兴趣对我的意义是什么？

● 身边的朋友是否有同样的兴趣？我找到志同道合的伙伴了吗？

● 我还能做些什么，让这些兴趣在我生命中发挥更大的价值？

4. 关于"价值观的圆融"

● 我现在在意的价值观有哪些？（可参考第四章第一节的"价值观盘点"）

● 这些价值观对我的意义是什么？

● 哪些是我觉得做得很不错的？

● 为了让这些价值观在我的生命中发挥得更好，我还能做什么？

● 我的行动计划是什么？

5. 关于"关心层面拓宽"

● 除了与自身相关的事情外，我现在还关心哪些与大众有关的议题？

● 这些议题对我的意义是什么？

● 有没有哪些议题会让我有使命感，想要投入？

● 如果现在能采取一个很小的行动，那可以是什么？

● 当我执行后，会创造出什么成果？

● 当产出了我想要的美好成果，我会怎么庆祝呢？

每隔一段时间就盘点一次，能帮助我们更清楚地向前走。

快乐银发族：传承与放下的老年期

一个人老去，需要时间预备。年轻时需要花点时间，找到自己喜欢的事、找到志同道合的好友、进行财务规划、维持身体健康等，一定程度上都是在为老年生活做准备。

坦然接受老年期必然的变化

随着生命的成长，每个人都会进入老年阶段。在这个阶段里，身体的衰老与退化是无法避免的，也许是行动上变得迟缓，也许是某种或数种感官的退化，也可能面临急性或慢性疾病的苦痛。低自尊的老年人，往往会因为身体的退化，而对他人的反应和行为十分敏感，担心是对自己的嘲笑或拒绝，因而产生烦躁或退缩反应。因此，在照顾老人家时，需要对其给予更多的关心和体谅。

我们会不断面临角色转移和角色丧失，而在成年后期，角色的转换通常会带来一些冲击。譬如退休、知交好友的陆续离世、失去伴侣等，都是重大的角色失落；而变成祖父母、顾问、领导、退休者等角色，也会衍生出其他需要适应的行为和互动模式。在自己或父母壮年时，就要开始思考与面对老年期将有的变化，如此一来，当真正迈入老年时，才能坦然面对这些必然的变化。

通过扮演祖父母角色获得价值并与时俱进

家中"第三代"的来临，对大多数的爷爷奶奶来说，绝对是一大乐事。让我们来看看扮演祖父母的角色对老人家会有什么帮助。在纽加坦（Neugarten）的研究中，可以找出五种祖父母的类型作为参考。

五种祖父母类型：

中规中矩型	愿意照顾孙子孙女，但很谨慎，不会介入对其的管教，只是偶尔协助照顾。
寻找乐趣型	喜欢与孩子嬉闹、游戏，从中获得乐趣与满足。
替代父母型	在父母外出工作时，承担照顾孩子的责任。
智慧老人型	偏向权威式关系，通常是祖父行使智慧与能力，而孙子孙女与父母都服从。
远离型	通常只在节日时露面，与孙子孙女很少接触。

绝大多数的年长者都会对自己的孙儿们感到开心、满足与骄傲。他们在孙儿身上可以感受到生命的传续意义，感觉属于自己的血脉、信念、价值等可以延伸。而在陪伴孙儿的过程中，祖父母会了解时下儿童最新的设施、玩具、游戏和文化，可以让年长者借此融入新的时代变迁中，减少与时代的疏离感。同时他们也可能会看到有些故事、歌曲或游戏，是从他们儿时的年代就流传下来的，因而产生联结感。

在这个阶段也可以鼓励年长者将自己的经历、过往祖先的智慧和文化，传递给儿孙辈。这也是一种挑战，让年长者努力统整出自己过往经历的意义，并用孙辈能理解的方式传达，也许是讲故事、带他们实地旅行与观察、参加各种文化活动等，都能让祖父母与儿孙有亲近的互动，并增加存在的价值感。没有儿孙辈的年长者，也可以寻找自己身边亲友的孩子作为替代，投入心力照顾与互动，抑或寻找担任义工的机会，将注意力放在更多的孩子身上。

▲图 2-5
与儿孙分享自己的过往经验，是生命的传承与延续

通过不同类型的休闲活动培养兴趣

休闲活动与兴趣的培养，也是这个阶段很重要的一环。随着自己身为父母的责任减少，年长者会发现有更多时间可以投入休闲活动。不同类型的休闲活动可以满足不同的心理需要。有些是满足年长者的交友社交需求：打牌、打高尔夫球、跳交谊舞、聚会唱歌等；有些是满足动手操作的乐趣：种植物、做木工、编织、陶艺等；有些是关于艺术层面的嗜好：书法、绘画、创作；也有静态的嗜好：阅读、收藏、看电视等；或是志愿服务等其他类型的活动。趁着自己或父母还在成人期时，就要开始培养不同的爱好，让退休后的生活有较好的调剂。

用更正面的角度来接受自己的一生

到了成人后期和老年期，面对自己这辈子的主要任务（工作成就、家庭、子女教育等）时，除非已创造出非常明显的成果，每个人对自身的成就或多或少都会有一定程度的失望。这时就必须接受摆在眼前的现实，并认识到理想与现实总会有落差。

做子女的在这时候，可以尽量协助父母回忆起过去曾有的美好经历，也许是小时候父母带给我们的美好经验、父母曾经做过且值得肯定的事、你最感谢父母的地方、你印象最深刻的家庭旅行等。对年长的双亲来说，当外在成就不明显时，子女对他们的肯定与认同，绝对是支持他们的关键。协助父母从过去经验中，找出做得不错且能持续进行的事情，鼓励他们继续发展。

在叙事治疗、戏剧治疗等领域中，也有许多方法可以协助年长者统整自己的经验，譬如请父母写下关于重要生命记忆的回忆录，书写本身就有沉淀整理的作用。（可参考第五章第四节关于叙事治疗的练习内容。）

为父母建立需要的社会支持

当父母年迈时，很自然会需要情感上的关心与联结，他们需要感受到被关心、被爱护、被尊重和被重视，同时也需要有一个可以互相沟通和承担义务的人际网络，这就是社会支持的重要性。

社会支持对年长者的健康和幸福有下列三方面的影响：

1. 社会支持中包含"有意义的社会联系"，可以减少年长者的孤独感。在晚年生活中有同伴的人，会感到被尊重、有价值，并有较高的生活满意度。

2. 进行照顾的人（熟悉的人），会提供持续的关爱、建议、饮食、健康照护、经济支持和日常帮助，这些都能满足年长者的关键需求。

3. 这样的支持系统，会减轻年长者的压力，也能让他们的状况随时被了解。

由于我们都还有许多责任与工作，有些时候除了我们自己担任主要照顾者，也要寻找外界协助力量。现在政府和民间都开始重视老年人的身心发展状况，许多地区的老年活动中心、社区活动中心、读书会等，都有很多资源可以协助。

老年期是一个"放下"的阶段，放下老朋友的离开、放下过去的角色、放下曾经充满意义的工作，甚至不得不放下以前喜欢的东西或嗜好。身边重要亲人的陪伴与引导，可以让年长者感受到被关怀与支持，不仅要引导他们接受必须适度依赖家人的现况，更要引导他们去思考，还能做些什么让自己感到舒服与满意。不管日子还有多长，我们总是可以找到方法，让现在的状况更舒服、更自在，让生活拥有更多的可能性。

第七节

那些生命中的"重"与应对之道

有时候，突如其来的意外事件、情感或情绪上的冲突、被排挤或霸凌等各种情况，都可能会造成当事人的"创伤经验"，有些随着时间和努力可以慢慢克服，有些则会导致后续的连锁反应或产生长远的不良影响。

在人生发展的过程中，每个人大概都希望自己是幸福快乐的。若是一生的经历都能很平顺，或虽然遇到挫折，但历经努力后都能克服，这大概就是一件很幸运的事情了。只是，从小到大，有很多外在因素或事件都可能会影响我们。

当周围的亲人或是自己面对创伤经验时，一定要有警觉意识，留意亲人和自己的身心反应，甚至在必要时尽快寻求专业的心理咨询辅导。创伤后应激障碍（PTSD）多数是因为直接经历或亲眼看见骇人事件所引发。常见创伤事件包含死亡威胁、绑架、凶杀、目睹意外死亡、战争、自然或人为灾难、严重的身体伤害、虐待或性暴力等，甚至不一定是自身经历或亲眼看见，有时只是"得知"亲密家人或朋友遭受创伤事件，都有可能引发PTSD，导致回忆、噩梦、严重焦虑，以及无法控制地想起创伤事件。请记得，有些创伤事件的影响，不一定会随着时间而消失。最保险的方法，还是第一时间寻找专业人士的帮助。有一个关于创伤的研究发现，失去亲人后 6 个月内，能为这个经验找到某些正向意义的人，会比其他人较少感到恐惧或忧郁。重点不是找到"多少"正向的意义，而是能不能"找到"正向的意义，所以在平常锻炼正向力就显得尤为重要。

之前，一趟列车上曾发生一起持刀伤人事件，我曾听两位朋友说他们当时在同一班列车的不同车厢，而他们事后回到家中，都没办法关灯入眠，并有惊恐发作。比较幸运的是，他们都是心理相关领域工作者，觉察到自己有状况后，立刻就找到专业的心理咨询师，来有效帮助自己走出阴影，所以一段时间后就慢慢恢复了。有时我会想，这些事件发生时在现场的人，如果没有意识到自己的症状或寻求帮助，很有可能就会对之后的生活造成干扰却不自知。

　　而当身边有亲人因为意外过世，家人若亲眼看见，或是未成年的儿童或青少年在现场，他们就是需要关注与关心的对象，往往他们心中会受到很大的冲击与影响。周围的亲友这时能做的，是允许他们有机会能表露自己的悲伤、难过，并予以陪伴。同时，也要留意，在适当的时间点，为他们寻求专业的咨询辅导，帮助他们度过这段艰苦的日子。

　　在我从事心理咨询的过程中，看到了有各种原因的来访者。有的面临忧郁、焦虑、躁郁的问题，有的面临职场困境、夫妻关系失和、有的受到性侵害，有的患有创伤后应激障碍、精神分裂症、重度抑郁症等。我常在想，这些来访者如果在刚有一点轻微的症状时，寻求合适的帮助，也许就能更早开始恢复，而拖得越久，问题也就越棘手了。我想，这也是我为什么会投入心理问题预防和心理健康推广的工作，我希望能更早地接触需要心理辅导的人，更早地帮助他们解决问题，收获幸福，自在地生活。

第三章

认知心理学
与感知心理学

第一节
探讨知觉、记忆、学习理解、语言、
推理决策和问题解决的认知心理学

第二节
从神经语言学看我们感知的世界

第三节
演出你的幸福剧本：
戏剧、戏剧治疗与幸福人生

第四节
内在潜意识的无限可能：
谈催眠引导与回溯

第五节
色彩心理学与生活

第六节
音乐心理学与音乐疗愈

这一章要谈的是**我们所感知到的世界，我们所看到、所诠释的世界是怎么来的**，它们又是如何影响我们的。

我们会从传统的认知心理学来探讨人怎么**感知外在环境的信息刺激**（譬如光线、声音、触觉等），以及这些信息怎么储存在我们身体中；再从**神经语言学**的内容（呼应后现代心理学观点）——每个人的世界都是自己的真实世界，来看有哪些因素会影响我们看待世界的角度；接着再看**戏剧与戏剧治疗**中呈现出来的"模拟世界"对我们的影响，以及潜意识的世界对我们生活的影响；最后探讨**色彩、音乐等艺术元素**与我们生活的关联性。

因为是从理性意识的认知心理学跨越到感性的戏剧与艺术表达，乃至内在潜意识世界等领域，目前还没有最适合的统称，就姑且先以"感知心理学"来统称本章的整体概念。

探讨知觉、记忆、学习理解、语言、推理决策和问题解决的认知心理学

这章主要介绍我们的认知思考与记忆和学习的历程。只要掌握正确的方法，记忆是可以很有效率的。

认知心理学涵盖我们所感知到的外在世界

我们通过五感（视觉、听觉、触觉、味觉、嗅觉）来感知外界的各种事物与信息。当我们走在路上，看到熟人会打招呼；听到车子按喇叭会转头去看；闻到路旁飘来很香的面包味或烤肉味，会忍不住去寻找香味的来源，这些都是我们习以为常的事情。为什么我们会有这些反应？我们的行为背后有哪些运作机制？

这些都是认知心理学探讨的议题，不仅涵盖了我们怎么感知外在环境的信息刺激（譬如光线、声音、触觉等），以及这些信息怎么储存在我们身体中、对我们产生影响，还涵盖人们的知觉、记忆、学习、语言、理解、推理、决策、思考和问题解决等历程。

譬如，当我们看到物体后，会有短暂的视觉影像记忆储存，但时间不长，这叫视觉暂留，电影和卡通就是利用这个原理设计的。听觉信息也有短暂的回声记忆，例如有人大叫"王—小—明"，如果听的人没有回声记忆，听到"小"的时候就忘了"王"，便无法得知他在叫谁了。

大家常会看到的"两可图"（同一张图中呈现出两种不同的图案）或很多视觉错觉的图片，也都是认知心理学所探讨的范畴。这些都在告

诉我们，眼睛所看见的，不一定就是真正的世界，会受到我们过去经验或主观诠释的影响。

▲图 3-1
可以看到"人脸"和"杯子"两种图案。
若看到的是人脸，杯子就变成背景；
看到杯子时，人脸则是背景

▲图 3-2
"左氏错觉"：
图中五条黑线是平行的，
但是因为受到羽毛状背景的影响，
所以看起来不平行

"信息处理模式"是认知心理学的主要理论架构之一，视人类为主动的信息处理者，探讨人类凭感官接收信息、储存信息及提取和运用信息等不同阶段的内容。认知心理学希望通过精确分析每个人内在认知的事件和知识，来了解并预测人的行为。譬如分析人们解决问题的过程，就能知道为什么有些人可以很快速地解决问题，有些人却不行。这方面的研究能够帮助我们做出更好、更快的决策。

一窥记忆的多种面貌

在生活中，每个家长都希望自己的孩子有好的学习力与记忆力，很多人也希望自己能一目十行、过目不忘。

记忆，就是认知心理学中最重要的研究主题，因为人类所有的后天学习，都是以记忆为基础的。如果没有记忆，就不能根据以前所学到的经验来诠释现在遇到的人、事、物，也就没办法预测未来或做出计划。有些人因为脑部受损而无法记忆，他们的学习能力和生活都会大受影响。认知心理学的研究，让人们能对症下药，设计出好的记忆方法。

想要发挥记忆力，把事情牢牢记住，有下列三个阶段：

输入（编码）：先从外界学到东西（将外界物理刺激，转变为内在抽象形式的心理表征，以便处理与记忆，可以是视觉图像、声音，或感觉、意义等），让这些信息在神经系统中留下记录，形成所谓的记忆痕迹，才能够开始记忆，这是信息的登录。

存储：指将经过编码的信息转换成永久形式储存在大脑神经系统中，以供必要时提取。

提取：当有需要时，将记忆从大脑神经系统中取出运用。很多时候，遗忘不见得是因为没存好，而是提取时出了问题。

若想提高记忆，可从上述三阶段中找出需要加强的重点。这里提出两个保有良好记忆的诀窍：

学习的时候，将数据有系统地组织起来，可以帮助记忆和回忆。分类方式、关键词、思维导图等，都能够有系统地将知识整理归类。

回忆时的生理状态、外在情境和情绪，若与学习时越接近，回忆的效果就越好。因为编码时，会将学习时的情境、状态、心情等特征，一起编码进去。

记忆可分为感官记忆、短期记忆和长期记忆。当外界信息被感官接收时，只会短暂储存，如果我们没有意识到这个信息，它很快就会消失（视觉数百毫秒、听觉数秒内），这是感官记忆。还有一种说法是，虽然感官记忆没有被表层意识知觉到与记住，但还是会被潜意识储存，仍然对我们有潜在影响。

如果信息能引起我们注意，则会进入短期记忆，但若30秒内没有复述，便会很快消失。短期记忆又叫工作记忆，因为它可以短暂储存我们现在需要使用的信息，譬如拨打一个不熟悉的电话号码、键入一段文字、思考事情等。短期记忆的容量有限，一般来说大概是7（±2）个单位（数字、词、句子），维持时间18~30秒。当我们记忆一连串的项目时，最先开始和最后记忆的，记得最清楚，这是所谓的初始效应和近因效应。

如果可以很快复述几次，或经整理和旧记忆产生关联，才会进入长期记忆（被记忆超过30秒以上的一段时间）。

德国心理学家艾宾浩斯（Hermann Ebbinghaus）的"遗忘曲线"实验，就是最好的证明。他从实验结果得到了一些遗忘的规律：如果没有复习，学习后一个钟头，已学会的内容会忘记56%；一天之后，会忘记66%；一个月之后，会忘记将近80%。这就是著名的艾宾浩斯遗忘曲线。

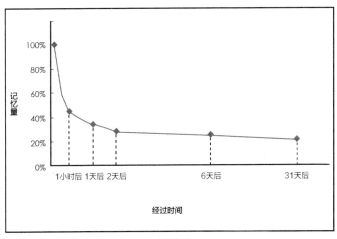

▲图 3-3
艾宾浩斯遗忘曲线

学习后的时间	记忆保留百分比	遗忘百分比
20 分钟后	58%	42%
1 小时后	44%	56%
9 小时后	36%	64%

续表

1 天后	34%	66%
2 天后	28%	72%
6 天后	25%	75%
31 天后	21%	79%

上面所呈现的遗忘曲线，是针对第一次新学习的内容，如果可以在遗忘前就进行复习，遗忘的速率就会产生变化。可看下图，浅色线表示原来的遗忘曲线，深色线表示经过复习后，遗忘速率会变慢，可以保持更多的记忆量。

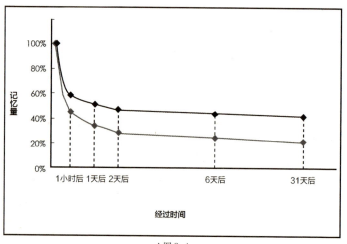

▲图 3-4
复习之后的遗忘曲线

从艾宾浩斯的实验中，可以发现几个有关记忆的重要原则：

1. 学了之后，就会开始遗忘。

2. 记忆有不同的生命期限，有些记忆很短，只记得几分钟，有些则可以记得几天甚至几个月。

3. 重复学习可以让记忆维持较久。

4. 最有效的复习是在记忆曲线急速下降时，也就是即将大量遗忘时。由图3-4可以看出学习的1小时内是复习的重要时段。

5. 记忆是逐渐增强的，间歇性复习可以将遗忘速率降低，并延长记忆的时间，逐渐将学习到的短期记忆转换成长期记忆。

这也是为什么我们常说，要把新学习的概念记住，就必须在短时间内有数次的复习，或经过思考整理，和心中旧有的知识库建立链接。

为什么长期记忆会遗忘？

长期记忆就是我们一般说的记忆，容量并没有限制，因为我们终身都可以学习、记忆。

为什么长期记忆会有遗忘现象呢？原因有几种说法，一种是"痕迹消退理论"，就是随着时间过去，因长期没用到，所以神经联结变弱，记忆痕迹会渐渐变弱、变淡；一种是"干扰"，就是被相关的其他信息所影响，导致遗忘，譬如搬新家后，忘了旧家电话，或是只记得旧家电话，忘了新家电话；另一种是跟"提取"有关，就是我们储存时的情境和方式与提取时不同，以致没有办法马上链接。

还有一种跟生理受损有关，如果是脑部生理受伤或疾病引起的失忆症，可以分成近事失忆症（忘记受伤后发生的事情）、旧事失忆症（忘记受伤前的事）。通常比较旧的事情能较早恢复记忆，比较近期的回忆则较晚或无法恢复。经心理学家研究发现，失忆症患者受损的通常是外显记忆，是我们可以意识到和用语言表达出的陈述性记忆；而相对不容易受影响的是内隐记忆，是无法陈述、技能性的程序性记忆（譬如骑自行车、开车、游泳的能力）。

陈述性记忆可以分为事件记忆和语义记忆。事件记忆是储存个人经验及在特定时间和地点发生的事件或情节。当我们需要回忆在特定时间或情境下发生的某件事，我们使用的就是事件记忆，譬如记得昨天在街上遇见了某个人。

语义记忆则不涉及特定时间和地点。譬如我们知道咖啡厅是休闲聚会聊天的地方，就是对咖啡厅这个概念的语义记忆。所以事件记忆和语义记忆都是一种陈述性记忆，我们不但可以意识到这些记忆，还可以用语言描述。

注意力容量会影响我们的反应效率

因为感官记忆所储存的信息，如果没有加以特别注意，就会很快遗忘，所以注意力扮演着很重要的角色。把注意力专注在哪里，那部分的信息就会特别被放大、被看见、被记忆。

注意力的容量理论，指我们注意力的容量有限，要完成不同难度的任务，会占用不同资源。比较难的工作需要全神贯注，会耗费较多资源，进行时就没有余力做其他的事；比较简单的事情，不需耗费太多资源，所以进行时可以同时处理其他事件。一个工作（流程）需要花多少注意力，与从事者的熟练度相关。譬如开车十多年的驾驶者，可以边开车边聊天，新手上路则小心翼翼。

▲图3-5
我们的注意力专注在哪里，那部分的信息就会特别被放大。
例如肚子饿时，就会特别注意和食物有关的信息

102

假设有人边读书边听音乐，如果读的内容很简单，也许就能同时哼着音乐；如果读的内容很艰涩，他可能就会觉得音乐很吵。

当一件事情熟练到完全不需要注意力时，很容易变成"自动化"。所谓的"斯特鲁普效应"（Stroop effect）就是认字自动化的例子。譬如当你看到用黑色写成的"红色"两个字，而有人问你"看到什么颜色的字"时，你很可能会受到字义干扰，而回答："红色。"这就是自动化反应。

自动化反应通常对我们是好的，可以节省我们的反应时间和反应的资源，但有时也可能造成干扰。譬如我平常会骑车，也会开车，通常骑车回家会走小路，有一次开车时因为正在想事情，就直接转到小路去，直到卡在路口开不进去时，才想起自己在开车，只好回转再绕一次。

注意力和睡眠也有关系。在睡梦中，有的人容易收到外界信息，就会有较浅的睡眠；有的人睡得较沉，接收到的外界信息就比较弱，不易受到干扰。根据信息减弱模式，我们可以告诉自己，试着有选择性地减弱某些信息，而专注于另一项特定信息。譬如刻意忽略嘈杂的车声或婴儿的哭声。这个方法常常被运用在催眠放松的过程中。

• 自我成长练习 •

—

善用有效的记忆方法，提升学习效果

记忆系统包含语言和视觉这两种分开却互相关联的系统。视觉的心理图像，可以帮助记忆。很多记忆术就是通过心像来记忆的。

○ **位置方法**

将你熟悉的一个空间内的物品，依序从1~10进行编号，并且在脑中不断熟记。每样编号的物品都是一个"提取记忆的挂钩"，可与要记忆的内容物逐一链接。

例如：将家中客厅内的物品依序编号——1-大门，2-电视，3-电视柜，4-茶几。假设你要采买的物品是青菜、啤酒、蛋糕、苹果，就可以想象大门的门把上挂着一把翠绿的青菜、电视里突然冒出很多啤酒罐和泡泡、电视柜上都是蛋糕的奶油，而茶几上有几个苹果。

▲图 3-6
按照编号顺序，通过联想的方式来记忆采买清单

○ **记忆小诀窍**

1. 经常复诵，可以增加记忆中的链接。

2. 分散练习效果，优于集中练习。

3. 将信息赋予有意义的组合，较容易记忆。譬如编一个有意义且朗朗上口的口诀。

第二节
从神经语言学看我们感知的世界

20世纪50年代开始，认知心理学兴起，并逐步发展为心理学主流学派，这是因为当时受到另外三个领域（计算机科学、信息理论、语言学）的影响。由于电脑开始发展，能协助人们快速完成许多事，如学习、储存、操作信息、使用语言、推理、解决问题等。这些领域的发展，让心理学家开始注意与关心——电脑内程序的内在处理过程与结构和人类内在历程是否一样？而计算机企图创造人工智能所必须钻研的信息处理过程，让心理学家可以用新的方法和技巧来看待人的行为，也重新对人类更高层次的心智结构和心理历程产生兴趣。因此，认知心理学在当时成为研究主流。

在这样的时代背景下，出现了一个实用学派——神经语言学（Neuro Linguistic Programming, NLP）。NLP创始于20世纪70年代，当时有两位怪才——电脑工程学家理查·班德勒（Richard Bandler）和语言学家约翰·葛瑞德（John Grinder），长期参与完形治疗大师弗列兹·波尔斯（Fritz Perls）、家族治疗大师维吉尼亚·萨提亚（Virginia Satir）、催眠治疗大师米尔顿·艾瑞克森（Milton Erichson）和专攻人类学与沟通理论的葛瑞利·贝特森（Gregory Bateson）等大师的工作，将他们的说话方式、行动模式、无意识的行为，以及他们所善用的各种沟通、引导、助人方法，加以分析、构架、系统化，目的是要了解"为什么他们可以做得如此有效""他们怎么做到"，再融入语言学、心理学、沟通论、程序结构、精神生理学等，形成一套实用好学、人人可运用的理论的基础。

有效比有道理重要的实用主义心理学

如同前面所说，当时也正是心理学学术界受到计算机科学、信息理论和语言学等三领域影响，转而深入探讨认知心理学的时代。我曾看到理查·班德勒在一本书的自序中说，当时是百家争鸣，有超过50个心理学派的理论与应用，都说自己的方法最正确，也都没有统一的结果。

而他采取的路径是，"不看哪里出问题"或"为什么有问题"，而是看"什么方法最有效"。如果有很杰出的治疗师成功治好某人，他就去看治疗师实际上做了些什么；如果有人自己解决了问题，他就研究这一过程中发生了什么事。于是，有效比有道理重要，就是他一直相信的信念，这也是很典型的实用主义论的主张。

相信大家看到这儿，就不难理解为什么我会说，每个心理学流派的发展，乃至临床或实际上的应用，都与当时的社会背景息息相关。而很多学派在发展过程中，也都互相影响，追本溯源，都能看到其中交杂演进的痕迹。这也是为什么我会将NLP放在这部分的原因。NLP包含了许多实用的理论与操作方法，数十年来，不断在欧美与世界各地被自我成长、教育、医疗、心理疗愈、商务、体育和艺术等各种领域的专业人士运用在工作中。

NLP包含了很多内容，诸如表象系统、次感元、心锚、卓越圈、时间线、迪士尼策略、yes-no信号、语言的运用、米尔顿催眠模式与引导暗示等，可见内容之丰富。因为篇幅有限，我会在本章先概述一部分，另外也会在本书的不同章节，补充一些与该主题相关又很容易使用的NLP概念或方法。譬如第一章第三节中提到的表象系统、建立亲和感，以及第七节的眼睛线索解读等，都是NLP的概念与方法。

改变内心世界的"次感元转换"

前面提到，我们通过视、听、触、味、嗅等五种感官（感元）来接收外界信息，这五种感官还可以再往下细分出许多不同的构成要素，称为次感元。譬如关于视觉的要素中，还有明暗、色彩、大小、距离远近等次感元；听觉次感元有大小声、旋律、音调高低、节奏快慢等；触觉次感元有温度高低、压力大小、松紧等。当我们在回忆时，如果脑中出现影像画面，可以去注意画面的明暗、清楚模糊、画面远近、有无色彩等细节。如果回忆起过去曾听过的声音，通常也会有音量大小声、远近、频率高低、方向等差别。

我们走在街上所看到的街景，是外（在）视觉；回忆以前走在路上时，脑中所浮现的画面，则是内（在）视觉。同样，听到当下街上的声音，是外听觉；听到内心回忆时的声音，是内听觉。触觉、感觉、味觉、嗅觉等感受，也都是如此。

当我们在回忆过去的事情时，其实事件本身在当下此刻并不存在，一切都存在于我们的记忆中，并通过内在的次感元储存。所以当我们调整那件事情原本带给我们的次感元，就可以改变心中的感受。这也是NLP或催眠疗愈中可以帮助人们改变调整的原理。

譬如想到一件过去不太开心的事情时，也许你脑中会浮现一些画面（某个场景或某些人），也许会浮现当时的一些对话和声音，当时的感受也可能突然涌现。你可以试着去调整画面中的次感元，把画面调亮一点、拉远一点，或者将声音做点改变，看看前后的感觉有什么差别。

▲图3-7
想到过去不愉快的记忆时，试着把脑中浮现的画面调暗、拉远

举个例子，曾有一位朋友找我谈话，她和妈妈的关系很不好，因为从小妈妈对待她的方式，常是辱骂、嘲笑、指责，甚至动手责打。当她回想起妈妈时，觉得脑中浮现的画面就在眼前，离自己很近、很大；当时的声音就在耳边，很大声且持续不断；她甚至还觉得有种快要窒息、喘不过气的感觉（身体触觉）。所以我让她赶快把画面调暗、调远，渐渐淡出到看不见；把声音调到最远、最小，几乎听不到，直到完全听不到；把窒息的感觉移出身体外，丢得远远的。然后她才觉得比较舒服。之后她跟我说，那天之后，自己就比较放松，睡眠质量也好很多。由此可见次感元对我们的影响。

如同第一章第三节中所说，每个人都有自己偏好的信息接收方式，有人是视觉多一点，有人是声音多一点，也有人是内在感觉多一点。因此，在你回忆的同时，可多留意自己的感受，看看哪种感官会浮现较多的信息。（可参考第一章第三节的练习。）

次感元调整在NLP中，是很重要的概念和方法。此外也有很多冥想方法会运用到次感元的练习与描述。

身临其境的"当局者模式"和保持距离的"旁观者模式"

在次感元的练习中，有两种进入模式，一种是保持距离的"旁观者模式"，就是当你在回忆过去时，看过去的场景就像看电影一样，可以在画面中看到自己，所以会跟自己保持一段距离，当回想较不愉快的记忆时，可以采用旁观者模式，让自己比较舒服，也比较安全。

另一种则是用第一人称视角来回忆过去，仿佛整个人融入"当时的自己"之中，好像身临其境一样，会亲眼看到、听到与感觉到当时的情况，叫"当局者模式"。

对于愉快的回忆，我们可以闭上眼睛，请求潜意识让我们无论在何时，只要想起这些回忆时，都自动采用"当局者模式"，融入当时的情境当中，让愉快的经验成为我们的正能量资源。对于不舒服的回忆，则请求潜意识让我们在回想时自动进入"旁观者模式"，与那些不愉快的经验保持一段安全距离，再慢慢转化。

当然，因为每个人有不同的故事，在调整时，要以自己当时的感受为依据，只要调整之后情况有好转，那就是有效的。这样的选择与调整，可以帮助自己找到最佳状态。

运用"防弹衣法"给自己最佳防护

在许多情绪管理或主管领导的课程中，常常听到学员谈起，无论在办公室还是家中，都有着隐藏的情绪炸弹，总是会无预警地爆发一下，给自己或他人造成困扰。这时，可以试着使用"防弹衣法"。

Step 1

先在房间中设定A、B、C三个定点（圈圈），A点是你站（坐）的位置，B点是一个让你不舒服的情境，C点是你穿着防弹衣，处于100%被保护的状态。

Step 2

先进入B点，以结合的方式去感受那个不舒服的情境或

事件，看见你当时看见的，听见你当时听见的，感觉到你当时感觉到的。当彻底感觉到后，再让自己脱离那个感觉（可以全身随意摆动，通过身体的变化让自己打破本来的状态），接着回到 A 点。（请注意事件内容让自己感到不舒服的强度，不要超过中等强度，以免过度影响。）

Step 3

1. 让自己进入 C 点，感觉全身都穿上一件最新科技的能量型防弹衣，能包覆你的全身，又相当轻薄、舒适、透气。感觉这件防弹衣带给你一层很强的能量，保护着你，将外界的干扰、情绪和噪声都阻隔在外，使你丝毫不受影响。而且，这个保护层还可以随着外在刺激强度而持续增强。

2. 准备好后，带着这个感觉，直接走入 B 点。去体验一下原本不舒服的情绪或压力，看前后有什么差别。

Step 4

1. 若进入 B 点后，发现原本不舒服的感觉已经消失，就表示你的设定很成功。接着离开 B 点，全身动一动，让自己脱离原本的状态。以后在生活中遇到情绪炸弹时便能这样操作。

2. 若进入 B 点后，原本的不舒服减轻了很多，变得很轻微，表示设定得还算可以。走出 B 点后，全身动一动，让自己脱离原本的状态。接着，再从头练习几次，穿上防弹衣，加强保护效果后，再次走到 B 点试试。可反复练习，直到走入 B 点时觉得不受影响为止。

3. **若进入 B 点后，原本的不舒服还是很强烈，则表示设定得可能还不够。** 同样让自己先走出 B 点，全身动一动，脱离原本的状态。接着重复几次防弹衣练习，加强保护效果后，再次走到 B 点试试。如果还是没有差太多，请先暂缓练习。

运用心锚，随时召唤"正能量状态"

"心锚"也是一个很好用的方法，其基本原理与著名的"条件反射"实验密切相关——如果在每次喂狗之前都先摇铃，一段时间后，即使没有拿食物出来，只要一摇铃，狗还是会流口水，表示狗已经对铃声产生"制约反应"。而人也会有类似的条件反射，在NLP中就被命名为"心锚"。

在生活中我们很自然会形成心锚。譬如看到红灯就立刻停下来，看到以前出游的照片便马上想起当时的感觉，这是**视觉心锚**。

当别人一叫你的名字，你马上会有反应；听到过去失恋时常听到的歌，心中立刻浮现当时的感受，这是**听觉心锚**。

闻到咖啡味而突然想喝咖啡，闻到刚出炉的面包香味就突然想吃面包，这些都是**味觉心锚**。

拥抱、摸头、拍肩膀，则可能创造出**触觉心锚**。

过去的成功经验、被鼓励的经验，或者很快乐的经验，都是我们拥有正能量的状态，可以将这些状态设定为**正能量心锚**。当我们处在能量不佳的状态时，随时都能启动正能量心锚，用过去的正向经验来激励现在的自己。

1. 找一个安静舒服的空间，让自己回想一段过去很开心、很成功的经历。

2. 以"当局者模式"融入那段经历中，看见自己当时所看见的、听见当时所听见的、感觉当时所感觉到的。

3. 晃动一下全身（打破原本的状态，让自己归零）。

4. 设定一个平常较少会做的动作，当作心锚动作，譬如将手用力握拳、拇指顶住食指指节等。

5. 重新融入那个正向的成功经验中，当感觉到自己的能量已经很饱满时，就做出心锚动作，维持数秒，然后再放松。

6. 重复练习几次，直到"只要一做动作就唤起感觉"，即完成设定。

7. 接着，回想一个曾经让自己不开心的经验（强度比原先的正向经验弱），当不舒服的感觉出现后，做出自己的心锚动作，会发现不舒服的感受已被正能量的感觉慢慢取代、减轻，然后消失不见。

8. 测试完毕后，可以让自己多想一些正向、成功的经验，累加在同一个心锚动作中，这样会成为一个具有丰富正向成功经验状态的心锚动作，可以帮助你迅速转化状态。

▲图 3-8
回想正向的成功经验，并设定心锚动作

第三节

演出你的幸福剧本：
戏剧、戏剧治疗与幸福人生

　　戏剧和电影，与我们的生活息息相关，几乎已经密不可分。不少人回家后的休闲，就是看电视剧、刷手机。为什么这些电影、电视剧和舞台剧能够如此扣人心弦？因为其中往往有很多与真实生活相呼应的场景、角色、对话，也许让我们想到自己的成长过程，也许反映了我们的文化背景，也许使我们想起自己与父母的关系，也许与现在的工作处境有关，或者让人想起一些尚未完成的梦想，甚至弥补了我们心中无法实现心愿的遗憾。我们所看到的故事，都会和我们自己的故事相连，融入我们的生活。

通过戏剧，开启生活体验的无限可能

　　戏剧的奇妙之处在于，"舞台"会为我们带来超脱生活限制的自由和机会。在平常生活中，周围的人已经习惯用固定的方式和我们相处，我们也有着既定的习惯和行为模式。但在戏剧中，可以试着"重新开始"，自由尝试新的可能性，有时候往往会释放心里潜藏很久的呼唤。在戏剧的游戏与角色扮演中，我们有机会看到新的行动模式，学习用不同的方式与人产生新的互动。这会是一个安全的尝试，我们可以把这样的能力，带回生活中运用。

　　当你演出自己的梦想，在戏剧中实现梦想，便能让原本只留在脑中的想象，成为真实的经历。正如上一个单元所提到的（在第五章第三节还会提到），次感元也可以让我们在脑中模拟完成梦想的过程（时间线上的"未来"），这是一种心像。因为现在的脑科学仪器与科技研究相当发达，通过功能性核磁共振造影可以看到大脑内部的活动区域，而研究发现，在脑海中想象完成一件事的过程，与实际去完成这件事，在脑中的反应机制是一样的。想象，本身就有力量。

我们在潜意识的梦中所经历的事情，甚至是梦到愿望已达成，虽然都是潜意识的运作，但对于我们的大脑和身体，却仿佛是真实发生的。譬如我曾经在梦中，梦到好友受欺负，真实到让我骂出了一句话而猛然醒来，才发现刚刚是在做梦。

戏剧演出也能达到类似的效果，当你真的很入戏时，你表现出的动作、对话或想法，同样会对大脑和身体产生冲击，仿佛事情真的发生过，会成为你生命经验的一部分。通过演出过程中与他人的互动，你更能亲身体会别人对你的回应与鼓励，也能明白还有哪些可以加强与注意的地方。

无论什么形式的"戏剧"，都介于幻想与真实之间，虽然渲染的方式是虚构的（剧情、角色），但过程中所有观众和参与者的情感反应，都是真实的。因为剧情是虚构的，所以能带来安全的距离感，保护我们害怕呈现出的真实面貌，也帮我们碰触到生活中还没有被发掘的潜在面，还能让我们尝试改变旧的行为模式、练习新的行为或特质，并且练习表达与接受情绪。

另外，因为情感是真实的，演员们容易入戏太深，演完戏后，可能需要花一段时间才能从角色的情绪中抽离出来。

通过戏剧，可以呈现现在与过去的自己，也可以在虚构的情景中进行试验，让这些新的尝试，成为自己未来的特质。若我们在戏剧里尝试新的回应方式，在真实生活中也可以试着这样做。

想想看，你在生活和工作中，扮演的是哪种角色呢？一个严肃权威的老板？好好先生般的主管？利落有条理的整合者？和谐气氛的协调者？

在你所扮演的不同角色中，是否有一些变化，或者都是固定的模式？有时候也许可以尝试换个角色演演看，你将发现不同的视角和观点。每当父子吵架、母女意见不合，或夫妻之间产生冲突时，都可以试着站在对方的立场，看看有什么发现。这就是所谓的"角色转换"（换位思考）。

曾经有位父亲与我谈到管教儿子的方式，以及他对儿子的期待时，提到了对儿子的要求和责骂。我听到一个段落，停下来问他："你觉得你儿子会怎么形容自己的爸爸？他眼中的你是什么样子？"他突然愣住了，然后眼眶泛红地说："我儿子可能会觉得爸爸很难取悦、很严肃，也很不开心吧！"这时，他和我都知道，他与儿子的相处方式即将有所改变。这就是戏剧中角色转换的例子与好处。

戏剧能带来触动和疗愈

我曾经去看已故的戏剧大师李国修老师所执导的《女儿红》，在观看演出的过程中，许多观众都热泪盈眶，有着满满的触动。国修老师以自己的故事为基底，在舞台上呈现出母亲与自己的寻根历程，除了他本人，现场的所有演员和观众，同样能在戏剧中得到释放与疗愈。当我们在观赏电影、电视剧或舞台剧时，若能有所触动和觉察，都会带来疗愈，也能培养自己的感受力。

当然，戏剧和电影虽然具有疗愈效果，但严格来说，只有由受过专业训练的治疗师所进行的戏剧治疗才能算是"戏剧治疗"。

所谓戏剧治疗，是有意地、系统化地将戏剧与剧场作为治疗媒介，利用戏剧的历程，协助人们舒缓社会与心理上的压力，促成心理成长与改变。在现有的咨询与治疗学派中，有许多是以较安静、理性的沟通对话为主，而戏剧治疗提供了一种整个人需要全然投入的（包含身体的、情景的、感受的、行为的）互动过程，能让我们更真实地呈现自己，在行动中清楚地看见自己。

很多人会误以为戏剧治疗一定要会演戏，其实戏剧治疗是提供一个场景，让我们可以很自在地展现自己，当成员彼此间有足够的信任与默契时，再慢慢呈现自己的故事。所以，参加者只要自在地做自己、扮演好自己就可以了，大可不必有压力。

美国戏剧治疗先驱蕾妮·伊姆娜（Renee Emunah）将戏剧治疗历程整理为戏剧性游戏、情景演出、角色扮演、演出高峰、戏剧性仪式五个阶段。我只挑其中一些较生活化的内容来做介绍。

戏剧性游戏为我们带来童真的自在与欢乐

借由轻松有趣的"戏剧性游戏"，在第一阶段先建立一个创意无限、活泼快乐的环境，让每个参与者重现孩提时自由玩耍的可能，而不是要去演戏，避免有演出的压力，鼓励成员如同孩子般地自发互动，恢复孩童般的欢乐心情。其中包含剧场游戏、玩偶（娃娃）、说故事、即兴表演和角色扮演等。心理学大师艾瑞克森（Eric Ericson）曾说，戏剧游戏是孩子最自然的自我治疗。举个简单的例子，幼儿们最喜欢玩的过家家，就是一种角色扮演和生活情景模拟的戏剧游戏。

也可以善用玩偶（娃娃）与孩子互动。譬如挑一个娃娃（可以替娃娃取个名字），挡在我们的脸前面，以这个娃娃和孩子对话、互动，孩子会很喜欢。

若是手或手指可操控的娃娃，效果更好。用玩偶可以带出一点距离，以投射的方式来表达想要沟通的内容，这样能带来安全感和转化的效果。譬如用小飞象玩偶和孩子玩自我介绍与说故事，引导孩子进入想象世界。

▲图 3-9

用小飞象玩偶和孩子互动，让小飞象做自我介绍，或用小飞象说故事

　　戏剧游戏有很多，除了戏剧治疗，也可应用于团队活动，能让团体气氛活跃，拉近大家的距离。我在带领企业团队训练时，就会通过各种戏剧游戏来达到暖身和凝聚士气的效果。譬如"物以类聚"游戏——请大家快速找到"和自己特质相同的人"，先在活动空间里随意走动，再下指令："请找到跟你同星座的人""请找到跟你出生地相同的人""请找到跟你同血型的人""请找到跟你爱吃同一种小吃的人"……这个活动可以让团体成员迅速找出彼此的联结与认同感。我也曾经设计过这样的团队课程——在最后的一个半小时内，通过面具、舞台妆和肢体动作等，让参与的成员即兴体验"成为摇滚明星"的感染力。彩妆和面具能带来安全感，可以让人尝试原本不熟悉的行为模式。这个活动带来的效果，让当时的参与者和他们的老板，都感到不可思议。

—

善用"情景模拟戏剧游戏"，带孩子进入想象世界

这个"情景模拟戏剧游戏"，不仅有助于开发孩子的想象力，对大人的肢体语言表达也很有用。我在上非语言沟通课程时，有时也会拿来当作练习，相当有趣。无论大人还是小孩，都能通过肢体语言和表情来展现创意，体验不同的世界。其中一个情景，我叫它"海底世界"。

○ 情景赋予与说明

一开始要先赋予一个适合对象的情景，譬如带大家来到一个充满魔法和想象力的世界，要大家尽情展现身体动作和表情，仿佛真的置身于海底世界。

○ 在不同角色间转换，能呈现性格特质

1. 让团体中的成员（小孩或成人）想象自己是一株水草，好像水草一样原地摆动。再加入情景，感觉到海浪越来越大，水草跟着摆动，接着好像被台风吹起，整根被卷走，漂在大海上……

2. 现在变成一条热带鱼，想象你是一条热带鱼。你是哪种个性的热带鱼呢？如果你现在是一条很害羞的热带鱼，你会如何呈现？如果你是一条热情的热带鱼，你会如何呈现？（让参与者呈现出各种不同性格的动物。）

3. 现在，你又变成一只水母，会是怎样的水母呢？你现在是一只会到处放电的水母（参与者就要到处伸出触手，向身边伙伴放电，这时全场会陷入一片欢乐与混乱）。

＊可自行设计不同的动物角色、性格与互动情景。

＊最后设计一个带有意义的情景结尾，譬如所有的海中生物互相
　鼓励、支持，面对风雨持续往前。

　　海底世界也可以变成草原世界、外太空世界等各种不同情景的
世界，最主要的是要看背后想要传递的价值和活动目的是什么。

我们奋斗的真实故事，能带来向前的坚定力量

　　经由戏剧游戏暖身后，整个治疗来到第二阶段的"情景演出"。治疗师会开始让成员尝试扮演不同角色，不同角色的尝试有助于扩展个人各方面的发展，增加与他人的联系感，这也是戏剧治疗的基础。这个阶段的关键是表达与沟通、团体合作、性格角色发展、适度自我袒露等。

　　譬如有个练习叫"情景感染"，请A先开始演出，进行某样活动，当B知道A在做什么（或在哪里）时，就可以通过某个角色或动作加入其中；其他人可以稍后逐一加入。当第二个人加入后，就可以开始有语言的互动。这会是很好玩、能够激发团体创意的活动，每个人都可以自发地加入剧情，并回应其他人的创意。举例来说，A首先演出"看报纸"，B跑进来扮演服务生帮他倒茶，C突然加进来扮演A的小孩，要爸爸去买冰激凌给他吃。随着成员的创意不断变化，剧情会出现不同的发展，直到最后一个人加入为止。

　　在这个过程中，所有成员可以在轻松的气氛中发挥创意，呈现各种角色性格。也将发现，用自己最自然的样子来"扮演"，就会很有"笑"果。

第三个阶段是"角色扮演",让大家从想象的情节慢慢进入真实情景中,有些生活中的议题与情景,便会逐渐浮现,能让我们重新检视自己在生活中的角色、关系和冲突,进而做出更深刻的反思。

第四个阶段是"演出高峰",当团体间的凝聚力、自我袒露与情感释放都达到相当程度后,团体治疗的氛围就会达到高峰。许多故事会在此阶段呈现出来,可以展现于内部的团体成员之间,也可以是对外的公开成果演出。若是对外公开演出,除了管理细节与宣传外,还要在不同层次上带给观众共鸣和启发。到了对外演出的谢幕之时,也会是最高峰的凝聚。在我学习戏剧治疗的那些年,我的老师洪晓芬,创办了橘子泥公益儿童剧团,我很有幸能够参与其中的管理、宣传与演员训练,无论在幕后,还是上台演出,至今都是令我难忘的一段生命历程。而2017年,我在ICFT所举办的华人教练年会上,因缘际会带领一群专业的教练伙伴,演出了一出音乐剧——《时光人生》。将教育剧场与戏剧治疗的元素结合,从每个人的故事中萃取出剧本,台上的演员演出的是自己重要的生命体悟,台下观众则感动于自己生命的呼应,甚至因此勾动心弦,热泪盈眶。这都是运用戏剧来洗涤人心的最好例子。

第五个阶段是"戏剧性仪式",代表一种里程碑,以仪式来表达祝福、庆祝、完结、成长等含义。可以通过图像、隐喻、诗词、故事、歌舞动作等各种创意或自发性的方式来表达。

每个人背后都有无数个真实故事,当这些故事在戏剧治疗中一幕幕浮现时,便能看到每个人为生命所做出的努力、挣扎、突破,这往往是最让人触动的,也能为彼此带来疗愈,使人拥有更坚定的力量。分享完彼此的故事、擦干眼泪、相互支持拥抱之后,再重新上路,继续我们幸福、快乐、向前的人生路途。

● 自我成长练习 ●

一

独幕剧

"独幕剧"是我很喜欢的一种练习。这个练习能让我们即兴自然地在台上述说自己的故事，往往也带有沉淀心情、释放情绪的效果。进行方式就是简易设定一个虚拟舞台（譬如将教室或客厅的特定区域当作舞台），让自己上台，说自己的故事。

无论说些什么，只需要让自己的心情很自然地流露，最后记得让结尾有个光明的未来。在舞台上，我们好像是演员，这会带给我们某种安全感，但又能把自己的心声说出来。一旦让情感找到出口，便能找出正向的出路。

譬如有人在台上说："我觉得最近好累，甚至不知道自己在忙什么，主管给我很多工作，我每天都得加班到很晚，因此没办法陪家里的小孩，我觉得压力好大（流泪）……我知道，我在意的是要让小孩有很好的陪伴。我也知道，我可以找机会和主管沟通。我相信，我一定能兼顾好工作和家庭的。"（带着泪光、微笑下台。）经过适当的引导，每个人都可以很快让自己放松，真正面对内心的故事。

○ **一个人的练习方式**

1. 面对镜子，看着自己写出的稿子，慢慢念出来。重复念一两次，为自己暖身。

2. 把稿子放下，对着镜子或墙壁，很自然地说出自己的故事。试试看，说完之后有什么感觉。

3. 最后，放一首自己喜欢的、能带给自己正能量的歌曲，让自己从先前的心情中，慢慢转化出有力量的结尾。

第四节

内在潜意识的无限可能：
谈催眠引导与回溯

在本章的前三节中，我们提到外在感知的世界、内在感知的世界与戏剧模拟的世界，现在我们要来看潜意识的世界，就从"催眠"谈起。我在大学读心理学时，身边朋友难免会问我："催眠"到底是什么？当时我只是从书上阅读了解，并无亲身体验或学习，也只能简单说个模糊概念。直到工作后，我第一次正式地去体验了催眠。几年后，我在工作中发现很多课程背后多少都有催眠的影子，于是决定追本溯源，踏入催眠的领域。

由于一些节目的夸张呈现，很多人一听到催眠，首先联想到的，都是电视上的催眠表演——一位催眠师和几位志愿者，由志愿者表演被催眠后的反应。我想，这些都是大多数人会出现的联想或先入为主的误解和刻板印象。然而，催眠在个人疗愈的实际应用上，尤其在欧美的治疗学派中，扮演着相当重要的角色，譬如催眠治疗的大师米尔顿·艾瑞克森，他对心理治疗的贡献影响深远。像荣格发展出的"积极想象法"或阿德勒学派的"引导式想象法"，其实都可以说是运用了催眠的引导法，只是名称上不是用催眠来诠释。在我接手的个案中，也见证了许多催眠引导在潜意识沟通与疗愈中起到的神奇效果。

催眠状态，是我们每天都会经历的意识状态

催眠，是一种觉察力和注意力被动集中而又放松的特殊意识状态，也是在生理、心理和情绪上的放松状态。在催眠状态中，脑波呈现 α 波，和入睡前或即将醒过来时的状态很接近。

我们的脑波有四种振动频率状态：α 波（8～13Hz）、β 波（13～30Hz）、

θ波（4～7Hz）、δ波（<3Hz）。在日常生活中，很清醒地进行逻辑思考和行动时，我们脑波的每秒振动频率是13~30次（β波）。当脑波变慢，每秒振动8~13次时，就是α波（8～13Hz），我们平常在沉思、专心听课、专注地看电影（或漫画、小说）、沉浸在音乐中、将睡未睡、半梦半醒间，都很容易让脑波进入α波，这种状态也叫恍惚状态。所以，其实催眠状态是我们每天都会有的意识状态，并不是什么太神秘的东西。

当脑波处在α波状态下，就是处在意识和潜意识的交界，较容易触及潜意识记忆库，也比较容易接收暗示。催眠就是催眠师通过一些方法，让当事人的脑波处在α波状态下，以和当事人进行潜意识层次的沟通，并给予适当而正向的暗示、引导与疗愈的过程。当平日我们睡觉做梦时，梦的记忆也处于α波状态。

当脑波又再变慢，每秒振动4～7次时，就是θ波（4～7Hz），代表进入睡梦中，或打坐禅定时的状态。当脑波变慢到每秒振动少于3次，就是δ波，此时是处于熟睡的状态。

从上面描述可知，催眠是通过一些方法，让人进入内心深处（潜意识中），此时脑波呈现放松状态，同时又高度集中注意力（忽略外在感官信息，只会注意到催眠师引导的话语）。

当人们进入催眠状态时，会出现下列情况：

1. 容易接收与执行"对自己有帮助的暗示"

其实在催眠状态下，我们仍是清醒的（恍惚状态），并没有睡着（θ波才是睡着）。所以可以听到外界的声音和感觉，也可以思考，更能抗拒催眠师的暗示。因此，大家可以放心，我们只会接收对自己有帮助的暗示。若是有对自己不利的指令，你的思考就会马上跳出来制止。

2. 更容易接触到潜意识的所有记忆（甚至是因为伤痛而压抑或已经遗忘的记忆）

我们的心智层次分为意识和潜意识，如同冰山一般，在海平面上的是意识层，占10%，在海平面下的潜意识则占90%。在我的经验中，通过一般理性谈话等方式，在意识层面可以沟通和解决的，都还算好处理；有些深层次的情绪、脚本，因为对我们影响太深，得在潜意识层面才能有效地清理干净。

留意生活中的催眠暗示

催眠的功能之一，就是暗示和建议，其实在日常生活中也常能看到。譬如广告中，为了达到宣传目的，都会用某个诉求来打动人心。一旦顾客接受了这个诉求，受到影响而买下该产品，便能说明这个顾客已经接受了广告的建议（暗示）。

而我们从小就从父母、师长、同学和朋友那里，接收到很多的催眠暗示，有些是好的影响，有些是不好的。请仔细回想，过往在你身边，有没有听过以下这些话语：

负面	你完蛋了、你再这样就糟糕了、你真没用、你真笨、女生就是要……男生就是要……
正面	你真的很棒、你以后一定很有出息、你表现得非常好

请留意生活中负面的催眠暗示（不管是给予暗示或接收暗示，都不是好事）

在第一章第二节提到的自我预言实现，在某种程度上就算是一种自我的催眠暗示，越是在意，越容易受到影响。所以，我们要多留意生活中的各种催眠暗示。若暗示是好的，则有助于提升我们的效率和生活质量，那没问题；若是对我们有害的暗示，就要尽量清理干净。请特别留意，你说话时的语言文字和周围人说话的文字内容，很多影响就这样不知不觉间被置入我们的心中了。

下决定前，请聆听潜意识的声音

前面提到，催眠是与潜意识的沟通，有时候潜意识才知道自己真正要什么。举个实际的案例，曾经有个当事人来找我谈工作和生活。在前几次谈话中，我知道她和刚交往几个月的男朋友相处得很好，也觉得男朋友很疼她，她很幸运。

可是一次晤谈时，她突然说，最近发现两家人的观念和生活习惯很不一样，与其以后起冲突，不如趁现在感情还不深时，就赶快分手。我问了她一些问题，想弄清楚她是否真的打算要这么做。几个问题谈下来，我发现她在理性上是真的下定决心要分手。

因为这跟我之前和她谈话时所收到的信息，有很大的差别。慎重起见，我请她轻轻闭上眼睛，带她做一点放松引导。接着请她看看半年之后，她在做什么，她男朋友在哪里。

结果她看到半年后，男朋友还在，他们两人一起在客厅看电影，桌上还摆着一堆零食，两人很开心、很甜蜜。于是我让她再把时间往后拉半年，她发现两个人还是持续着开心的交往。我问她：原本在意的"两家人观念不同"这件事呢？她回答已经解决了，没问题。

当我把她从催眠中唤醒时，她很讶异，怎么前一秒还理性地说要分手，后一秒闭上眼睛后，潜意识的答案就完全不同。后来，他们的交往相当顺利，一年多后也步入婚姻殿堂，过着幸福生活。

这个例子让我联想到，有的情侣会分分合合，其中部分原因很可能就是因为在潜意识中，他们其实并不想分开，只是因为没有听到内心深处的声音，以致多经历了一些考验。

要做重大决定之前，可让自己听听潜意识的声音。若是要自己练习，可以在将睡未睡时，或将醒未醒的恍惚状态下，问问潜意识，有没有什么答案要告诉自己。当然更快的方式，就是通过催眠来探索。

催眠"回溯"

在催眠中，有一个方法是"回溯"——从影响自己的事件与情绪中，往回找到最源头的起点。很多带来困扰的"征状"，当回到最早的那一刻时，通常都能妥善解决。举一个实际案例，曾有一位朋友来找我，表示他对于换新工作、到新环境，都会感到莫名的恐惧。我便带他在催眠中回溯，看看这样的感觉是从什么时候产生的。他在大学、高中、初中时期，都有这样的害怕与恐惧。我问他：最早是什么时候出现这种恐惧感觉的？

后来终于发现，是在他从幼儿园要升小学时，因为爸妈说他长大了，以后要练习独立上学。可是因为没有处理好，让他当时感觉到自己处在一个完全陌生的新环境中，仿佛一个人被丢弃在那里独自面对，心中很害怕。

我通过一些步骤，帮助他在安全的能量中，重新经历当时的过程，让心中原本的恐惧消失，转换为安全感。之后再带他去看初中、高中、大学乃至工作后的场景，当他在经历原本的情境时，内心的感觉已经改变，变得很有自信、很有安全感，知道自己该怎么做才会是好的互动。

从这个案例大家可以了解，在孩子小的时候，千万要注意，任何看似微小的情绪感觉，都有可能在之后越滚越大，变成影响深远的干扰源。

醒觉式治疗：心理治疗的改变最好通过个人生活经验诱发

醒觉式治疗（也称唤醒式治疗），是世界顶尖治疗大师萨德（Zeig）博士研究艾瑞克森学派治疗经验的毕生心血。在学习和实践这个学派的过程中，我深深感受到一种充满生命力与弹性的治疗风格。而这些也呼应我过去所学，诸如焦点解决、NLP、家族治疗、心理剧、戏剧治疗等，很多都是在经验式过程中陪伴当事人体验与改变。

醒觉式治疗认为，心理治疗里的改变最好是通过个人生活经验诱发，而不是只靠知识与信息的传递。也就是说，不是一直告诉当事人"你要乐观、要正向"，而是设计一个情境或过程，让他体验到自己正在乐观和正向的状态。譬如，请他带来几张过去自己最开心、最有成就感的照片。当他在找寻的时候，就已经启动寻找快乐的过程。当他找到，拿来跟你分享时，他就已经处在正向的状态下。这时候才跟他说，在生活中创造像这样的开心元素，会有助于你的改变。经验式治疗的多层次需要慢慢体会。

在我通过催眠协助当事人对自己有所觉察与改变的过程中，我自己也更清楚地看到，潜意识对我们日常生活状态有着很大的影响。邀请大家一同来探索，看看自己丰富的潜意识世界！

（本节之案例，相关背景均经过改写。）

第五节
色彩心理学与生活

　　色彩对我们感官的影响是很直接的。好的颜色搭配能调和身心，也能让一个空间场域截然不同。而艺术中的各种色彩呈现，更是创作者的表达。感受颜色对你的影响，善用颜色，相信人生会更多彩！

色彩的心理效应

　　在我们每天的生活中，随时会看见各种颜色。大自然有颜色——蓝天、白云、绿树、红花、青草地、紫色小花；在我们办公空间的人造装潢与建筑设计中，也有诸如温暖亮丽的暖色调、科技前卫的冷色调等。不同的颜色，会带给我们很直观的感受，也是主观的反映。无论是外在环境的颜色还是我们自己可以选择的服饰或家具，都会影响或反映我们的心情、喜好与感受。对颜色的喜好与搭配，也代表我们的风格。有些环境中的色彩搭配和布置让人一走进去就感到放松、舒服且自在；有些环境的色彩则会让人觉得很沉闷、冷静，这些都是色彩带给人的不同感受。人们很容易在不知不觉中受到色彩的影响，从而产生情绪的波动。

　　色彩最直接的心理效应来自色彩的物理光刺激，对人的生理产生直接的影响。心理学家于实验后发现，在红色环境中，人的脉搏会加快，血压会升高，情绪容易兴奋冲动，心理上会有温暖的感觉。而过长时间接收红色光的刺激，会使人烦躁不安，需要相应的绿色来补充平衡。处在蓝色环境中，脉搏则会减缓，情绪也较沉静。有的科学家发现，颜色能影响脑电波，脑电波对红色的反应是警觉，对蓝色的反应是放松。这些理论让我们知道，色彩会对人的心理产生影响。

不同波长的光作用于人的视觉系统，必然导致人产生心理上的情感变化。色彩对于人的生理和心理变化，是同时交叉影响的。有一定的生理变化时，就会产生一定的心理活动；有一定的心理活动时，也会产生一定的生理变化。色彩学则是研究色彩为何会产生、有什么规则，以及色彩对人体视觉有什么作用等，因此会牵涉到物理学、光学、生理学和心理学等。

了解色彩的基本原理，才能知其所以然

因为我们生活中的色彩有不同的组成原因，所以在谈如何将色彩心理学运用在生活中之前，就得先了解关于色彩学的一些研究，才能更清楚其中奥妙。

我们平常眼中所看到的色彩，其实是各种颜色的可见光发散到眼睛，被眼细胞接收后而呈现于大脑中的。最早是1802年英国的托马斯·杨（Thomas Young）提出的"色觉三色说"，认为人眼应具有红、绿、蓝三种感光细胞。以我们所见到的彩虹为例，基本的色彩（红、橙、黄、绿、蓝、靛、紫），都属单色光，无法再通过三棱镜分出其他光线。而色彩的三原色光——红色光（r）、绿色光（g）、蓝色光（b），重叠则会变成白色。

若我们看到某物体的颜色是红色，其实是表示这个物体会吸收除了红色之外所有其他的光线，以致我们的眼睛看到被这个物体反射出来的红色光，才会觉得它是红色。所以像天然苹果的红色，就是如此。而人造的物品会呈现什么颜色，就看表面附着的颜料，会吸收和反射出什么颜色的光。所以，若我们看到一件黄色的衣服，是因为上面的颜料会反射出黄色的光线，才让我们看到黄色。

1810年，德国文豪约翰·沃尔夫冈·冯·歌德（Johann Wolfgang

von Goethe）写了《颜色论》，注意到颜色和情感间的关系，探讨色彩的心理现象。他主张所有颜色都是通过与黑或白对立来呈现，黄色具备正面特质（亮、强、鲜艳），蓝色具备负面特质（暗、冷、弱），等等。

在色彩学领域中，色彩物理学着重光学研究，探讨光源投射和受光体对光的吸收与反射后所产生的无数色彩，并由此引发颜色的分类、色相、纯度、明度以及色彩混合等问题。

色彩生理学则研究人体眼睛构造，分析人眼的感光细胞（柱体和锥体等）对光发生反应后所产生的颜色视觉，有助于我们了解人体视觉系统的生理结构和机能，对色彩会有什么感知作用。眼睛对颜色的感知作用，是所有色彩的基础。

色彩化学则着重在对颜料的研究，譬如色彩材料的历史、分类、性能，以及该如何调配的规律等，色彩颜料由色相、纯度和明度构成，这三者影响色彩之调配效果。我们平常所看到生活用品的各种颜色涂料，包括电子产品屏幕（电视、电脑、手机屏幕等）上的颜色，就由此而来。

色彩心理学则探讨色彩会带给观（接收）者什么感受。探讨为什么有的色彩会让人感到温暖或凉爽，或是色彩的面积、时间、闪烁、并置或对比等刺激变化，会让人产生什么感觉或情绪。譬如，波长较长的红光、橙光和黄光，本身会给人暖和感，以这类暖色光照射到任何物体都会觉得温暖。反之，波长较短的紫色光、蓝色光、绿色光等冷色光，会给人寒冷的感觉。

冷色与暖色除了带给我们温度上的不同感觉外，还会带来其他诸如重量感、湿度感的不同感受。例如，暖色偏重、感觉密度较强，冷色偏轻、感觉较稀薄；冷色感觉较湿润，暖色则较干燥；冷色感觉较远，暖色感觉较近。这些感觉都是受我们的心理作用而产生的主观印象，属于一种心理上的错觉。

而视觉艺术所涉及的色彩问题更是繁多，色彩的对比、互补、配色、调和之类的生活应用，都是探讨的重点。

颜色搭配与生活息息相关

颜色和我们的生活息息相关，各种家具、家电用品、室内装饰、灯光色温等，每一种颜色都在无形中影响我们，有些颜色也会随着时代和文化而被赋予不同意义。譬如20世纪90年代初期，家电产品大多以白色、黑色等单色系为主，重视的是功能，更多地考虑实用性与技术性，而不是外观，所以很多大型家电都被称为白色家电。而随着现代技术进步，许多产品的功能都有不错的表现，差别不大，就变成要从设计感、色彩等元素来吸引消费者注意了。

根据认知心理学家的研究，人类感官中，视觉信息占了约70%，而色彩刺激又占其中的50%，可想而知，对现在的产品来说，颜色是相当重要的一环。当我们看到物品时，最先认知到的，还是视觉和颜色信息，所以现在大部分产品都会用三四种颜色来搭配，除非是有特别设计诉求的产品（如iPhone）或是复古风，才会以单一颜色作为特色。

当我们挑选家具时，通常会考虑到色系的安排，选择接近的色调或是对比色调，都可以依个人喜好来决定，重要的是依每个空间的功能性做适当安排。譬如卧室是身心安顿的空间，古代有"光厅暗室"的说法，就是客厅要亮一点，卧室要暗一点。从现代来看，卧室颜色的原则是不刺眼（色彩饱和度、明度稍低些），以柔和、温馨、素雅为宜，让自己能够放松、觉得舒服，才有助于睡眠。淡鹅黄色或淡草绿色都是可以考虑的选项。而工作繁忙、精神较紧张的人，可选用米色、淡蓝色的床罩被套等，具有消除紧张、镇定催眠的效果，尤其要注意卧室颜色不宜过深，也不要大面积使用紫色、红色等厚重颜色，会让光线变得太暗，压抑感强，长期处于这样的环境，容易造成烦躁、情绪不稳定。

客厅是家中活动最频繁的主要公共空间，要能给人宽敞、舒适、愉快的感觉，采用明快柔和的基础色调，如白色系（白色、乳白色和象牙色）最佳，优点是轻松且容易搭配，当季节变化时，可搭配鲜艳或多彩的抱枕、窗帘来点缀。

而书房是需要较长时间待在其中思考和静心的空间，应避免强烈刺激，通常墙壁和家具的颜色会以典雅、明净、柔和的冷色调居多，主色调不宜过于刺激，也不宜过于昏暗。譬如淡蓝、粉红、淡绿、浅棕、米白、纯白色或灰蓝色等中性颜色最为适宜。

就像淡蓝色，往往使人想到和平、幸福，不仅可以稳定精神状态，还可以降低血压、使肌肉放松、气血通畅，有助于减轻疲劳感、摆脱紧张不安的状态，稳定心境；绿色（粉绿色）则可以有效舒缓眼睛的疲劳。假如你从事的是创意工作，则可以在某面墙搭配一些较鲜艳的色彩来刺激大脑、引发灵感。当然，这些并不是绝对的，主要还是要依你喜欢的色彩要求来搭配。

灯光的颜色也会影响居住感受

在我们讨论颜色带来的居家感受时，灯光的颜色与明亮度变化也会有很大的影响。灯的颜色称为色温，数值越低，光的颜色越黄，单位以K（开尔文）表示。以前的灯泡色偏黄光，色温约3000K；日光色偏白光，色温约5000K（类似中午室外的阳光）。

灯色的选择也会影响家中氛围，冬天适合用灯泡色营造温暖感觉，夏天则可以换成日光色创造凉爽感。曾经有人做过实验，在同样温度下，人们在黄光环境里会流汗，但在白光下就不会，所以色彩的确也会影响心理和生理的感受。

美国康奈尔大学针对产业界所做的研究发现，适当的照明可以增加生产力及工作安全性，利用接近自然光的色温（在2700~3500K间），可以提高16%的生产力。

恰当地使用色彩装饰，在工作上能减轻疲劳，提高工作效率；在生活上能创造舒适的环境，增加生活乐趣。红与绿、黄与蓝、黑与白等强烈的互补色，容易引起注目，用于警示牌可以避免发生事故，用于商品广告可以引人注意，达到宣传效果。

搬运货物的箱子用浅色系粉刷，可以减轻搬运工人心理上的重量负担。娱乐场所采用华丽、饱满的色彩能增强欢乐、愉快的气氛。学校、医院采用简单、明亮的配色，能为学生、病人创造安静、清洁、幽静的环境。

夏天的制服采用冷色调，冬天的制服采用暖色调，可以调节冷暖的感觉；儿童的衣服颜色可以采用鲜艳、饱满、明快的配色，更能展现儿童的活泼和创意。

色彩心理与时代、社会、文化密切相关

由于不同时代在社会制度、意识形态、地域文化、生活方式等方面的不同，人们的审美意识和感受也不同。一个时期色彩的审美心理受社会心理影响很大，所谓"流行色"就是社会心理的一种产物。当一些色彩被赋予某些象征意义，符合了人们的理想、兴趣、爱好和欲望时，这些有特殊感染力的色彩就会开始流行。传统认为不和谐的配色，在现代却被认为是具有新颖美感的配色。

而每个国家或民族地区因为地域环境和文化的不同，对颜色也会有不同偏好。譬如宜家logo中的蓝色和黄色，是瑞典国旗的颜色，因为北欧一年之中有多数的时间是处于又黑又冷的环境，人们大多得在室内活动，而这种明亮、淡雅的空间设计感会为居家营造出一种夏日阳光灿烂的感受，这也是当地人相当需要的心理感觉。

华人在过年或参加喜宴时喜欢穿的红色、象征皇家的黄色、中医的青赤黄白黑五色等，都有文化与环境的影响，也都会影响我们对颜色的感觉。

人们对颜色的集体色彩感情

虽然色彩引起的复杂感情因人主观而异，但由于人类生理构造和生活环境等方面存在共通性，因此对多数人来说，在色彩的心理方面，也存在着共同的情感。下表中有常见颜色带给人的心理感受叙述，提供给大家参考，当然这也会依每个人的主观感受而有所不同。

红色	让人感受到强烈热情、性感与欲望、自信与自我，也代表积极主动、能量充沛、征服与控制。有时会带有血腥、妒忌等较饱满的情绪。**想吸引注意、展现自信和力量时，可用红色来加分。**
粉红色	让人感受到浪漫甜美、可爱温柔、梦幻而无压力，可以软化气氛、安抚心情。也代表年轻、轻松、俏皮，有时会有想被呵护的心情。**当需要创意激发，或心情需要被安慰时，可挑选粉红色。**
橙色	给人亲切开朗、热情坦率、健康欢乐和阳光般温暖的感觉，也代表行动力、活力饱满，可让人信赖，像一股支持的力量。当需**要活力与采取实际行动时**，会是很好的选择。
黄色	带给人明亮开朗、光明希望、包容开放、自在快乐的感觉，也代表舒服饱满、有能量，同时因为会刺激大脑内与焦虑有关的区域，也有警示提醒的效果。当处在**快乐场域中**，会是很适合的颜色。
绿色	给人安静镇定、宁静安全的感觉，也象征坚韧踏实、自由和平、清新自然、知性冷静。**适合想让自己心灵沉静的书房或空间。**可通过深浅以及和其他色彩调和，增加变化性、降低僵化感。
蓝色	带给人安定沉稳和广阔的稳定感。天蓝色较明亮，代表自由、希望和理想；深海蓝，意味着务实严谨与中规中矩，给人信赖、权威和专业感。淡蓝或粉蓝则可以让人放松，所以若想让心情平静，或想让人听你讲话时，可穿蓝色。

褐棕色	带给人安定宁静、稳重平和、亲切厚实、容易相处的安全感,也能帮助稳定情绪,使人感到沉着。许多古色古香的店面,都有不少褐棕色元素,也给人一种静谧高雅的质感。**因为能融入环境中,所以不会太引人注目,反而让人觉得好亲近、好相处。**
紫色	带给人神秘高贵、浪漫优雅、纤细的感觉;颜色较深(饱和)时会增强张力,给人与众不同的魅力感。同样,也会带给人有距离、高不可攀、矫情的感觉,这也是需要注意拿捏搭配的。
黑色	带给人权威冷静、冷漠有距离、低调与防卫的感觉,甚至更强烈时会联想到死亡和幽闭感。**黑色若搭配得好,也会给人专业、有品位的权威感,**有助于商务活动运作,要谨慎搭配服饰款式与风格。
灰色	带给人沉稳精确、智慧与考究感,有时也会给人有距离、冷淡、优柔寡断和漠不关心的感觉。**若混合铁灰或深灰色,会释放出智慧与品位,有成功人士的权威感。**此外,也需要注意服饰质感,才不会让人觉得邋遢、没有精神。
白色	带给人纯洁善良、美好无瑕、信任开放的感觉,有时也会给人梦幻感或距离感。若穿着白色衬衫,会给人干净利落感,白色麻织上衣则给人**飘逸脱俗、与世无争感。**

• 自我成长练习 •

—

在家中创作自己喜欢的颜色风格

居家环境是每个人重要的生活环境,因此打造出让自己觉得舒服的色彩风格就很重要。在住宅中,颜色的变化来自墙壁与家具的色彩搭配。

请问：在你家中的不同空间里，每一面墙壁都是什么颜色的？在我过去学习创造性艺术治疗的过程中，很喜欢的一个练习就是自己刷油漆，将家中墙壁和物品刷上不同的颜色。譬如，客厅刷成带点温馨明亮的淡鹅黄色，书房刷成象征宁静智慧的淡柠檬绿，卧室则是带点温暖包覆的淡橘色，进入不同房间时，就有不同的感受。再搭配各种颜色的窗帘、桌巾、摆件，就会有多样丰富的感受。

▲图3-10
在家中涂上喜欢的颜色，为自己带来好心情

第六节

音乐心理学与音乐疗愈

有没有一种体验，就是当你听到某首歌曲时，脑中会突然浮现以前听到这首歌时的场景和情境？也许是学生时期最流行的歌曲，当你在多年后突然听到时，想起了当年与友好相处的点点滴滴；也许是某首让你惆怅的歌曲，唤起了曾经刻骨铭心的那段恋情。

当我们在卖场购物时，是否曾注意到店里播放的音乐？那些音乐总是节奏明快而充满战斗力，促使我们更快速地挑选，然后结账离开。如果顾客挑选的时候想得太久，开始运用理性思考，可能就不会购买太多物品。有些餐厅会播放快节奏的音乐，也是为了让客人加速用餐，赶快结账离开，好招呼下一拨顾客用餐。相反，如果餐厅播放的是悠扬和缓的音乐，就可以让顾客好好品味享受。这些都是用音乐影响心理的实际案例。

善用音乐刺激生理反应，带动心情变化

就像前几章中提到的，听觉也是我们接收外界信息的重要来源。在我们每天听到的各种声音中，有些能够让我们舒服、放松，有些则充满干扰，甚至会影响身心的安定。音乐心理学与音乐疗愈，主要是探讨人们"因为音乐而引发的感觉和行为反应"（譬如听到不同类型的音乐会产生不同的感觉，或在行为上产生各种反应与改变），以及"投入在音乐活动中的状态"（如在家听音乐、自己唱歌、演奏乐器、参加演唱会等），也研究每天在不同时刻、场合中，哪些类型的音乐可以帮助我们改善生活品质、促进学习与工作效率等。

音乐，会带来主观、直接的感受，我们之所以会受音乐影响，是因为在生理上，音乐能刺激人体自主神经系统（主要功能是调节人体心

跳、呼吸速度、神经传导、血压和内分泌等）的反应；而在心理上，音乐会引起大脑在管理情绪和感觉区域的自主反应，使情绪很快产生变化，将原本带点淡淡忧郁的心情，转换成喜悦开朗的心情。

平静或快乐的音乐可以减轻人的焦虑，消除心中的紧张与烦恼。高音或节奏快的音乐，可以刺激人体肌肉活动，低音或慢板音乐则会让人感觉放松。挑选适当的音乐，的确可以帮助我们拥有更好的睡眠质量。在催眠疗愈的过程中，音乐也是相当有影响力的，可以让我们很快地转移注意力，使身心到达某种特定状态。

要在生活中更好地运用音乐，最重要的是要先培养自己对音乐的感受力。

每个人对音乐的感受与经验都不同。有人爱乐成痴，也有人对音乐感到陌生，避之唯恐不及；有人偏爱古典曲，而更多人偏好流行乐。

在生活中，我们可以通过对音乐的适度运用，让自己在工作之余能有效放松、减轻压力，使生活充满欢乐、补足能量、增加幸福感，甚至能够激励自己，转化心情。欧美对音乐治疗相当重视，因为经研究证实，音乐比医学上认定的药物有效，且不会产生副作用（Boxberger, 1962; Kovach, 1985; Kummel, 1991）。像我自己，每天开始办公前，会放几首比较澎湃的音乐来振作精神。工作疲惫时，则会放几首对自己心情很有感染张力的歌曲，让心情流动一下。需要专注时，则又放能够提高专注力的音乐。你也可以试试，留意专属自己的工作音乐。

要让孩子学音乐，先引发孩子对音乐的感受与乐趣

我们自己或孩子，在做事情时，会习惯听音乐吗？许多父母觉得边看书边听音乐会影响专注力，事实上并不尽然。由于现在的孩子身边有太多刺激，所以看书时若能播放不含歌词的纯音乐（古典乐、轻音乐

等），就能够帮助右脑放松吸收音乐，而左脑就能专心于较理性的知识学习上。

常常看到很多家长花不少钱让孩子学音乐，但孩子却愁眉苦脸。原因其实很简单，爸妈只是希望培养孩子的才艺，但并没有花心思让孩子体会音乐的美。也许爸妈可以问问自己："我喜欢音乐吗？我喜欢哪一类的音乐？如果我要开始体验音乐的美，最想从听哪一类歌开始？以前有没有什么歌曲，是我很喜欢、很有感觉的？"从你曾经喜欢的音乐开始。当你自己培养了对音乐的感受力，也有了自己喜爱的音乐，身教重于言教，家中也会开始有音乐流淌，对孩子来说，会是更好的生活学习。当孩子有机会听到不同曲风的音乐或乐器演奏，对音乐的感受力变强时，自然会找到他们喜欢的乐器，这时再开始学习乐器，相信会事半功倍。

我上小学一年级时，有一次下课后，教导主任突然把我叫到教室外，向我介绍另一位老师——我的小提琴老师。在我要学琴以前，爸妈并没有向我提起，所以那一天我感到相当意外。对一年级的我来说，由于事前也不知道要学小提琴，所以没有什么特别的感觉，只认为是爸妈好意的安排。因为班上的好友也在学，而且比我学得早，所以我也就跟着学了。但当时自己对音乐没有特别的感受，所以每天的练习就很被动，也很没精打采。一开始跟其他小朋友一起上大班教学，还觉得很有趣，后来父亲希望学习更有效果，便不惜花钱请家教来一对一上课，少了同学的互相激励，我就更缺乏学习动力了。

由于自己学习音乐的经验，当女儿有兴趣想学大提琴时，我也特别注意，会带她去欣赏一些弦乐团的演出，譬如学校的联合演出、朋友孩子学校弦乐团的演出和网上的弦乐四重奏、管弦乐团演出等，总算让她多少也培养出一些欣赏音乐和演奏音乐的兴趣。今年过年，在看特别节目时，刚好转到管弦乐团的演出频道，我特别听了一下，有意思的是，全家人也都很自然地开始聆听与欣赏，没有人要求转台。我意识到，我们一家人对音乐有了感知和兴趣，心下窃喜。

属于你的疗愈系音乐歌单

每个人都会因为过去的经验，而有自己对音乐的偏好。在艺术治疗中，音乐、舞蹈、戏剧、绘画等方式，都是表达的工具，可以让我们抒发心情。我自己就很喜欢通过音乐来释放与沉淀情绪。

我永远记得，三十多岁那年的一个下午，我和好友老范，坐在他的车上，聊着彼此工作的近况。当时他刚换到一家新公司担任业务主管，压力很大；而我，也刚离开工作了五六年的公司，开始自己创业的日子。聊着聊着，他突然说："我放个我很喜欢的音乐给你听，你一定也会很有感觉。"在他的车上有一张专门挑选的音乐CD，只有他自己一个人开车时才会听。

听着听着，我的眼泪瞬间流了下来。于是，两个相识多年的好友，很有共鸣地坐在车上，把这几首歌重复听了几次，用眼泪洗涤身上的疲惫。

在我平常教学的课程中，有一个剧场的练习，就是会依照学员的状态，通过学员心中有感应的歌曲，来重新找回内心的动力。老范是个心很细的人，他凭自己的感觉，也找到了让自己抒发心情、自我疗愈的方法。而这个方法，让跟他有类似感触的我，也同样经历了心情的洗礼。

▲图 3-11
哪些音乐或歌曲，能够带给你正面的力量？

—

设计自己的疗愈系歌单

在日常生活中，可以找出对你来说，能带来各种不同感受的"功能性"歌曲。当然，还是要强调，音乐的挑选以你的感受为主，并没有标准答案。

○ 列出自己的各类歌曲清单

1. 励志类：听了会让你感到澎湃、振奋，是很阳光、很开心的。

2. 情感释放类：听了会让你流泪、有些感伤，或勾起某些记忆。这类歌曲就相当主观，与你的过往经验有关，你听到就会知道。

3. 温暖支持类：淡淡的、轻柔的、温暖正向的。你可以在平常听到的歌曲中，挑选能带来类似感觉的歌。

4. 放松愉快：像在咖啡厅中常听到的音乐，很自在、轻松。

○ 编排与使用时机

1. 可先播放一首能稍稍勾起你心情的歌曲，接着是一两首最触动你心情的歌曲，可以让你释放心中的情绪。

2. 之后放一两首对你来说较有元气、较温暖、正向的歌曲，帮助你慢慢平复心情。

3. 再放一首开心的歌曲，将心情带出来。若是有歌词的歌曲，听歌过程中最好能唱出声音，唱歌可以将情绪能量流导出来，使情绪得到比较好的释放，而不会闷在心里。若能让全身跟着旋律轻轻摆动，好像自己在办演唱会那样，则更能带动心情。此外，也可以尝试把随手可得的简单器材当作打击乐器，结合节奏与肢体律动进行情绪释放。我平常也会用这样的方式带领参与者，通过自在即兴的敲击表达情感，相当有趣！

第四章

积极正向的
职场心理学

第一节

提高工作满意度

第二节

去除沟通障碍，建立深刻互动

第三节

良性冲突是有建设性的

第四节

让自己表现良好的情绪管理哲学

第五节

面对压力与调适压力

第六节

创造组织中的正能量

这一章主要探讨的是各种工商业行为、现象与在各种组织（公司、机构院校、政府单位等）中，所有与人（经营者、管理者、员工、消费者）相关的事物，并寻求能让组织更有效发展的方法，对内有更好的人力资源发展、组织规划管理、工作环境、工作条件、工作安全、工作满意等，对外能有效吸引消费者购买产品或支持品牌理念。**组织心理**（组织结构、领导、激励、动机、工作满意等）、**人力资源发展**（员工招募、心理测验、绩效评估、培训发展）、**消费心理与广告心理**（市场调查、消费者行为）、**人因工程心理学**（环境与工具该如何设计才能符合使用需求，用户经验研究）等，都是这个领域会探讨的。这些方面也与我们的工作和生活息息相关。

第一节
提高工作满意度

这一节主要讨论工作价值观对一个人的影响。盘点你的价值观才能知道现在所做的工作是否符合你内在的核心精神,只有价值观和工作相符,才能带来长远的满足与活力。

价值观与工作满意度息息相关

常常听到有人说:"工作是工作,生活是生活。""现在工作只是混口饭吃,马马虎虎就好。"也有人说要把工作变成自己的人生追求,才能乐在其中,拥有长期的满足与快乐。

有人觉得工作是为了追求成就感与财富,其他的一切(也许是家庭生活,也许是健康)都不重要;有人觉得薪水只要够用就好,每天安稳地工作,下班后种种花、和朋友打打牌,也很不错。

这些看法没有对或错,只是我们对于工作和生活的价值观不同。价值观是每个人一生中最基本的信念,我们认为哪些特定的行为模式、生活模式、理念想法是好的、对的、可以接受的,便是自己所要追求的。我们每个人都可以列出自己的价值观排序清单,这些就是我们平常待人处世所依据的原则。

价值观大多是在成长过程中,从父母、家人、老师、朋友与自己的经历中,慢慢塑造而成的。 我们从这些经验中,决定"什么对自己是重要的",这些"重要的"事物就会形成价值观。若我们清楚自己的价值观,在做很多重大决定时,才不会惊慌失措,或茫然、矛盾、犹豫不决。而这些现象都是职场上很常见的问题。譬如从小流离失所的孩子，可能就会觉得"稳定"的生活很重要；在做生意家庭中长大的小孩，可能就会觉得人脉与交际应酬很重要；若是家中环境清苦，可能就会觉得自立自强或赚钱很重要；如果在成长过程中，常常获得朋友的帮助，就会觉得"交友"很重要，而且会把这个价值观传输给下一代。所以，价值观也会一代代传递，除非下一代从自己的经验中发觉修正的必要性，才有可能发生改变。

价值观会影响我们的态度与行为：譬如我有一个朋友，觉得薪水和工作条件很重要，所以不管要换什么工作，都会优先考量薪水高低和离家远近；而另外一个朋友，觉得能不能符合自己的兴趣和未来发展更重要，所以他在换工作的过程中，就不会有离家很远、薪水不一定比之前公司高很多的顾虑。

成长背景不同的人，也会有不同的价值观和行为表现。就像现在常听到很多的通称：80后、90后、Z世代等，都可以算是某一种价值观或行为表现下的产物，尤其是现在网络科技发达，各种信息、流行文化传递相当快，往往2~3年的时间，青少年的流行次文化就差别很大。所以当我们和对方沟通时（尤其是当下的年轻人），要了解对方的价值观和他觉得重要的事，才有可能打动对方，事半功倍。当与不同年纪的主管、员工、同事、客户或朋友相处时，也是如此。

价值观可分成目的价值观和工具价值观。目的价值观代表的是一个人这辈子最想达到的最终状态和目标，工具价值观则是个人偏好的一些行为表现方式，或者是为达到目的价值观的行为手段。譬如：有些人会觉得这一生最重要的是要有持久的贡献，有些人会觉得这辈子只要家庭和乐平安就好，有的人会觉得内心自在和谐最重要，这都是关于这辈子最终想要的状态，就属于目的价值。

而为了达到家庭和乐，也许会需要富有爱心、体贴宽容；为了对社会有所贡献，也许会需要坚持不懈、勇敢开创、自我约束。这些行为表现上的特质，就属于工具价值观。

个人价值观盘点，给我们依循的地图

我们需要盘点自己的价值观，才能看清楚自己究竟要什么。为了让大家多一些选择，我列出了许多常见的价值观，让大家找出对自己最重要的价值观并进行排序。

排序	价值观	支持证据	排序	价值观	支持证据
	轻松、愉快、有趣的生活			助人奉献	
	舒适富裕的生活			独立自主	
	充满刺激与活力的生活			宗教信仰	
	成就感			诚实正直	
	内在平衡／平静			公平／平等	
	友谊			忠诚／服从	
	孝顺／感恩			创意／想象力	
	稳定／秩序			赢／竞争	
	智慧与个人成长			责任／担当	
	财务安全			名声／声望	

续表

148

	内外一致 / 开放			富有爱心	
	合作 / 团队 / 归属感			企图心 / 权力 / 控制	
	被肯定 / 认同			整齐干净	
	成熟之爱（心 与性的亲密）			宽恕仁慈	

　　上述这些可作为参考，若还有你觉得需补充的，可自行列入。从这些价值观中，挑出最重要的5个（可先用排除法去除不重要的，筛选出10项，再从中挑选出来）。很重要的是，还要列出自己为此采取的行动作为支持证据，因为有些是我们觉得重要，但其实在生活中根本没有落实的，如果没有做出来，就代表我们内心深处并不认为重要。所以当你列出前5~10项最重要的价值观时，一定要看一下，支持的证据是什么，这是一个很好的盘点。

　　找到最重要的5个价值观之后，接着去看这5个价值观对自己的影响是什么，有没有改变过。在自己过往生命中重大的决策，和价值观的关联有哪些？这些价值观和现在的工作、生活，有什么相呼应或抵触的地方？在我平日进行咨询的过程中，我都会邀请来访者去看看这些价值观对于他要达成的目标，会有怎样的帮助，可以怎么运用。

　　当现况让你不满意，或开始犹豫，或不知道下一步该怎么样会更好时，价值观的盘点就很重要，这些价值观会指明一个大方向，让我们有所依循。找到符合自己价值观的工作，会让我们过得更开心、更有活力。

正确的工作态度，带来对工作的满意

　　态度，是我们对人、事、物所抱持的正面或负面评价，反映我们对人、事、物的感受。态度包含我们的认知想法（对某一件事的信念）、情感因素（喜欢或不喜欢之类的感受）、行为意图（表现在外的行动）。

当我们对工作抱持正面的态度（感觉）时，我们会觉得工作是令人满意的。而对工作满意，我们也才会有更高的工作投入度。有几个因素会影响我们对工作的满意度。

1. 工作环境的支持度

当我们处在舒服、安全、便利的环境中，满意度就会较高。所以，开始看看你四周的办公室空间，有没有什么是可以经过改善，让办公环境更好的，就去做吧，这会有助于你的心情愉悦，也会让满意度更高。就像最为人津津乐道的一些指标公司，常常会为员工准备取之不尽的饮料、食物点心，也许你的公司不见得有这样的预算，但总有些是你能做的，能帮助自己和同事在办公时更有效率、更愉快。

2. 互相支持的同事关系

不管在怎样的公司文化中，我们都需要有伙伴。一个人作战是很孤单的，事情办得好，我们需要伙伴的庆贺；有些棘手的事我们需要伙伴一起讨论解决；案子搞砸了，我们需要一点安慰的鼓励。如果你已经有好伙伴，恭喜你，你已经有了很好的后盾；如果还没有，那提醒你要赶快行动了。在公司里找到你可以信任、可以互相支持的好伙伴，一定是当务之急。

3. 工作是不是有适度的挑战

当工作有挑战，会让我们在完成的过程中，需要克服相当的困难，能力就会拓展，而得到随之而来的成长与成就。难度太低的事情，虽然短期看起来舒服，但对长期发展而言，却会没有动力。而难度太高的工作，若没有足够的资源或方法，就容易让人产生挫折和失落。当然这个难度的高低取决于自己的主观感觉。有可能别人觉得难度高，但你自己不觉得，或者刚好相反。

4. 检验自己看待事情的角度

角度改变，我们的感受态度也会改变。就像前面的章节曾提到，同一个事件，如果从不同的角度看，就会有不同的结果。所以我们在日常工作情境中，要随时提醒自己：现在自己对工作上的这些诠释，是正确的吗？有没有哪些是误解？也可以询问与自己较要好的同事，参照别人的观察，才会有比较客观的态度。

▲图 4-1
通过各种方法，提高我们的工作满意度

建设性地表达不满，会帮助改善现状

前面提到，当我们的价值观与公司的文化价值接近的时候，我们对工作就会比较容易满足，绩效也会比较好。而当我们能用正确态度看待工作所发生的事件，同样也会促进工作的满意度。但我们也常常会听到身边朋友或同事，抱怨自己的工作、抱怨公司、抱怨其他同事……当我们对公司现状不满的时候，又该如何应对呢？通常员工（或某人）对公司（或某事）不满时，会有四种可能的处理模式，这四种模式主要从建设性、破坏性、主动性、被动性这四个维度来看，大家可以检视一下自己处于哪一种情况。

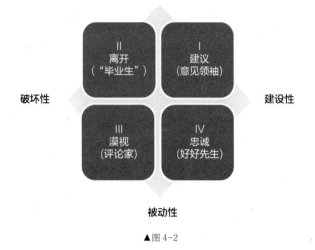

主动性

| II 离开 ("毕业生") | I 建议 (意见领袖) |
| III 漠视 (评论家) | IV 忠诚 (好好先生) |

破坏性　　　　　　　　　　　　　　　　建设性

被动性

▲图 4-2

最理想的状态，是第一象限，采取主动且有建设性的态度，寻求解决方案。譬如向主管或公司负责窗口提出可行建议或改善方案，或很正向地沟通讨论，找出大家共同认可的方式。对于不满的事情，若是积压过久，便容易引起疲惫或反弹，所以有些人在公司里若是扮演意见领袖的角色，如果可以很正面地凝聚大家的共识，再与公司相关承办人协调，就会是很好的解决方式。

接着，是第四象限，就是虽然没有主动寻求解决，但还是乐观等待，相信公司会解决与改善。当有人批评时，这类人还是会站出来为公司或主管说说话，比较像是好好先生、和事佬，以和为贵，相信事情会有很好的结果。

第三种是第三象限，就是漠视，比较被动，任由事情恶化，好像事不关己一样。常抱怨的人，大概率属于这一种，就是虽然有很多不满意，但就像评论家一样，仅是嘴上说说，并没有真正试着去改变或建议，只是消极地任由事情继续恶化。

第四种是第二象限，离开。也许之前曾试过但没有用，或者是等待或评论太久，导致现在觉得不愿再继续忍受，相信会有更好的机会，所以就用脚投票，选择"毕业"了。

所以，当我们或身边的朋友、同事因为某些事情对工作或公司产生不满，可以看一下自己处在什么位子，再问自己：我想要事情怎么发展？最理想的处理方式会是什么？如果事情可以更好，会是什么样？当我们先去思考如何改进会更好时，就会专注在如何改善；若每个人都能专注在如何改善，相信事情就会有所进展。

第二节

去除沟通障碍，建立深刻互动

这一节主要讨论一些在组织中有效沟通的方法，了解有哪些因素会影响事实的传递，通过真正关心对方，听见真心的故事，拉近人际间的距离。

避免过滤作用的负面影响

在职场上，我们每天都得和不同的人打交道，因为每个人的沟通方式和习惯不同，所以我们就得具备各种沟通能力。当我们无论处在什么单位或团体中，都能有很好的沟通和发挥，这也会是一种令人满足的能力。

从许多研究中我们会发现，沟通不良是导致人际冲突最大的根源。为什么会沟通不良呢？因为里面有太多的干扰因素。也许你一开始就不喜欢这个同事，所以他说的话，你根本不想听；也许你的小圈子里，有人说他的坏话；也许，纯粹是因为你们在沟通上对于有些事情的基模（可参考第一章第一节）完全不同而造成误会；也许是因为情绪太满，有一方根本不想沟通。

有太多的原因会造成沟通不良和人际冲突，而这些人际冲突也不只是发生在职场组织中的主管与下属间或同事之间，也包含亲子间、家人间、伴侣间、朋友间的沟通。当我们一对一沟通时，都可能会有误会和障碍，更不用说当很多人汇聚成一个社团、社群、部门、组织或公司时，那么多人的聚集，肯定会有些沟通上的挑战。

大家可以在纸上列一下自己每天的时间安排，大概会发现我们几乎有70%的清醒时间，都是在沟通上——不管是与人面对面的沟通——听人说、自己说、闲聊、工作讨论、开会，还是书面文字的沟通——微信沟通、阅读文件、浏览网络、整理文件报告等。这些沟通有没有让我们更有幸福感呢？在运用各种工具的同时，有时候也还是要回到基本面，就是人与人间的"深度联结"。良好充分的人际互动与联结，是最好的沟通方式。

不管科技如何发展，工具如何日新月异，沟通都还是有一些基本的原则会影响我们。一般人际沟通的基础模式如下图，我们这里就聚焦在职场上，看看工作组织或社群中沟通的关键。

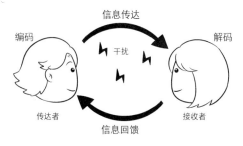

▲图 4-3
要通过询问来确认对方是否正确接收到我们传递的信息

组织中常见的沟通障碍

第一种是过滤作用，指的是传递信息的人，因为种种原因，在给接收者传送信息时，故意操纵，只提供片面的信息。这是由于组织里充满太多信息，专业分工又细，每个人所能负荷的信息量有限，所以越是高层主管，底下人所呈报上来的信息，必定是经过滤过的、最重点且浓缩的关键信息，才不会让高层主管负荷过重。而下属或中层主管，不管是为了讨好接收信息的高管，或是为了私人隐晦的好处，又或是纯粹因为经验不足判断有误，在传递信息时，就容易只传达片面的信息。通常庞大的组织或竞争激烈的单位，这样的情况会更多。

自我成长练习

—

如何避免过滤作用的负面影响？

过滤作用的正面意义是基于授权和分层负责，只报告最关键的信息，所以能提升效率。那又该如何避免负面影响呢？以下提供几个方法。

1. 创建多个消息源渠道

信息来源多，就不容易被欺瞒。"兼听则明，偏信则暗。"如果能广纳意见，自然不被蒙蔽；如果只听少数一两人的言辞，就容易有弊端。这一点是每个人都要提醒自己的地方。

2. 消息公开

重要的信息在限定（特定）范围内公开，可以避免在传递信息的过程中，发生失误。

3. 平日观察

对于和你沟通的人，平常就多观察其言行和人格特质，了解其是不是会过滤信息的人。如果是，与其沟通的过程中就要特别注意，才不会不知不觉受蒙骗。曾经听过不少案例，企业中的资深主管蒙蔽老板，甚至进行信息和数据造假，这就是最严重的反面例子了，也会造成典型"劣币驱逐良币"的组织内现象，很多有才能的员工都留不住，因此不可不察！

第二种是选择性知觉，如同我们在第三章中提过的，人们倾向用自己的感官世界来觉知外在世界，所以我们是活在自己"以为"的世界里。所谓知觉，简单而言，就是注意力放在哪里和怎么诠释它。每个人看同一件事，却会有不同的诠释，就是因为每个人过往的背景不同。让我们进一步来看，有哪些因素会影响我们的知觉。这些因素包含觉知者自己、觉知的目标物、情境三类。

对于我们（觉知者）来说，很常见的是，个人的兴趣、态度、动机需求、期望和过往经验等都会影响我们的注意力和诠释。

兴趣会影响你的注意力。美发设计师很容易就会看到身边人的发型，整形医生很容易会注意身边人的外表特征，业务员很可能就会注意身边人的表情和喜好。当同样有一群人走过来（或进入一个团体，或参加一场活动），这三种人可能就会很自然地关心和注意到不同的点。在公司里也一样，各种专业分工的人（法务、财务、人力资源、业务、研发、生产、行政等）因为立场不同，在意的点也自然不同。

关于态度的差异，举例来说，内向的人喜欢安静，外向的人喜欢热闹，当他们同样待在一个人很多的环境中，可想而知，内向的人会局促不安，外向的人则如鱼得水。因为对于与人相处的态度不同，所以也会导致两个人在同样情况下，有不同感受与解释。有的人对于处理公事的态度是速战速决，而有的人却需要仔细规划，不同的态度，很自然就会造成不同的反应。

对于期望，譬如父母希望孩子用功读书，孩子希望能多参加社团活动，因为期望的不同，即使孩子每个礼拜只参加一次活动，父母也会嫌花太多时间，孩子则会嫌时间太少。

而动机和需求的未被满足，更容易对觉知造成强烈的影响。譬如，如果有一个主管是很没有安全感的，当下属表现很好时，他很自然就会陷入一种"很可能被替换"的恐惧，而觉得"别人在觊觎我的位子"，其实下属员工可能根本就没有这样的想法。

发现身边有人很缺乏安全感的时候，该怎么办？

当你发现身边的人出现下列反应：觉得别人都在害他、觉得别人都在批评他、觉得别人都会背叛他、对他有敌意、喜欢批评、防卫心重、将自己武装起来……都表示他可能在过往的经验中，缺乏安全感，缺乏足够的关爱。

○ **如果对方是你的同事**

就看彼此的交情吧！在你的能力范围内，给他一些适时的肯定、鼓励、支持、关心和协助，能让你至少和他不会交恶，而且是用正向力量来为对方做点事。

○ **如果对方是你的好友或家人**

也许你得有心理准备，会辛苦一点。先把自己照顾好，让自己有好的能量和心态，每当你看到对方的优点，不管大小，立刻回馈给对方，多给其肯定、鼓励、支持、关心，让他们慢慢建立和补足一些过往没有的安全感。还记得自我预言实现吧？真心地找到他们的优点和潜力，持续而坚定地鼓励他们，相信他们能做到，并且为他们喝彩。有机会也鼓励他们寻求适当的专业机构与助人工作者的协助，一段时间下来，相信会有所帮助。

问对好问题，就能听到精彩的"生命故事"

如何在组织中能工作得很幸福？有良好的人际关系和沟通是必要的基础。我们不能决定主管、同事或下属会怎么想（知觉）、怎么做，但我们能做的，就是对自己和对身边的人多一点了解（觉察与觉知）。这里所谓的了解，不只是从一些表面资料来看，而是真的能发自内心去听到对方的"生命故事"。每个人就像一本书，书中有很多故事，记录了他为什么会成为今天这样的个性、这样的想法、这样的反应；也记录了他的需求、他的动机、他的兴趣、他想要什么。

那怎么样才能听得到生命故事呢？其实职场上多数人都希望能有一两个知心好友，也都希望自己的心声有人听、有人懂。只要真诚关心对方，给予真心的赞美肯定，再问对好问题，就能听到对方精彩的生命故事。问他：是什么让你可以克服困难一直坚持？你是怎么做到的呢？

真心去了解你的伙伴，就会发现其实在每个人背后有很多美好的风景。当我们能用心读到这些，除了更丰富我们对人的了解，也能对伙伴多一点理解与包容。如果我们能做到这样，就能从正向积极的伙伴身上丰富视野，也能多包容较谨慎的伙伴，对方也就不太会出现防卫或抵抗的行为，若真的有人性格上比较偏激，至少我们也能看清楚对方，尽量避免发生冲突。

用故事拉近彼此的距离，分享真实故事，触动人心

1. 想办法对别人感兴趣，而非让自己变有趣

每个人都渴望受到重视、被尊重、被关心，真心关注别人

159

的生活细节，最能表现出善意。

2. 从发问开始

问可让对方发挥自己观点的问题，例如：你为什么认为……？你觉得……如何？

避免问太笼统的问题，例如：你最近如何？最近怎么样？有什么新鲜事？

提出比较符合对方需要或状况的问题，才可能得到较详细的答案。例如：你对这一次的竞赛，有没有什么计划？你在学校、公司或家中有没有什么新的计划？

3. 避免交浅言深

希望对方谈心事时，可以先透露自己的心事，以抛砖引玉，但避免交浅言深。和年轻人分享过往经验，也要点到为止。

4. 找寻共同点

人们会受到与自己相近的人的吸引，背景、兴趣、价值观、想法和观念相同时，要让对方知道，但不要占据焦点太久，说到足以建立交集和产生共鸣就好，要把发言权交出去。

5. 询问对方的目标和未来愿景

这是建立联结的好方法，例如问对方：如果能出国旅游，你想去哪里？如果有一笔钱，你想怎么花？

6. 全神贯注倾听

专注地聆听，不要在心中分心盘算下一句话该说些什么。

7. 偶尔点头或出声表示赞同

通过动作或言语，向对方表达认同，例如：嗯！是啊！

8. 时常重述对方的话

在发问前，可以简述或稍微重复对方的话，证明你的确知道他的意思，也对他的内容有兴趣。

9. 倾听原则

尊重，不批判；保密，不张扬；不给建议，除非对方要求；多肯定、多鼓励，让对方感受到温暖、支持与关心。

良性冲突是有建设性的

在我们的生活中，人际相处会有冲突，不管是朋友之间想法、做法的差异，还是公司同事间立场不同、应对经验不同，家人或伴侣间的价值观、生活习惯不同，甚至有些人在沟通时带有强烈的情绪反应等，这些都会造成冲突事件。只要有人的地方，就一定会遇到冲突。遇到冲突时，该如何处理？怎样才能降低影响，甚至让危机变成转机，就是我们接下来要探讨的。虽然有些案例是公司组织内的例子，但其实也适用于很多不同情境。

通常很多人会认为冲突是有害的，造成的原因是沟通不良、缺乏信任与坦诚、对需求与期望没有适当回应等，而且有时会与暴力、破坏、非理性行为画上等号，因此冲突必须要避免；也有人认为冲突是在人类关系和团体中一定会发生的，所以要与冲突共存、接受冲突存在，不用大惊小怪；还有人认为适当的冲突可以保持人际间或团体内的创意激发、自我反省和动力，所以不但不用避免，还要适当鼓励。

冲突到底是什么？冲突的正式定义是：互动的双方（或多方），对于达成同一个目标，有不兼容的观点，甚至在行为上也有（或将会）破坏彼此达成目标的能力。所以当事人必须要觉察到，彼此要达成的目标会受另一方影响时，就会发生冲突。

适当的程序与任务冲突，对组织发展是有建设性的

对公司组织来说，如果某些冲突可以支持目标达成、促进绩效提升，那这样的冲突是良性的、有建设性的冲突。而如果冲突会破坏信任、阻碍绩效达成，那就是恶性冲突、破坏性冲突。那又怎么知道哪些是建设性，哪些是破坏性冲突呢？

冲突有三种类型：任务冲突、关系冲突、程序冲突。任务冲突指的

是和工作内容与目标有关的冲突，关系冲突则是因为人际关系造成，程序冲突则和如何完成工作的流程有关。

从研究中会看到关系冲突大多是关于人际间的摩擦、敌意，所以都是有害的，会降低彼此信任与团队共同合作的能力。而程序冲突若能保持在低强度，则表示成员会放一些注意力在流程上，能帮助团体激发思考如何改善，所以是有益的；但若强度太强，则会造成流程混乱、任务角色界定不清，成员无所适从的状况。而任务冲突若是成员间能有对事不对人的默契，在中低强度上，也可以促使不同的意见观点能被看见，只要能妥善引导讨论，并整合成最后共识，就是有建设性的。

▲图 4-4/4-5
良性的冲突，能为组织带来建设性的效果

从五阶段冲突历程中定位冲突现况

在生活中，我们需要地图来为自己定位，才知道自己在哪儿。而冲突的历程可以让我们知道自己处在哪个位子，又该去往何处。

▲图 4-6

阶段一：潜在对立

在组织中，因为沟通不良、组织的结构问题、个人因素等三种原因，造成现况有潜在冲突的可能。沟通不良包含之前提过的沟通渠道干扰、语意误解等。

结构因素是因为在公司里的部门和位置不同，部门和部门间因为被赋予的目标不同，原本就容易产生冲突。业务部门要业绩好，就要不断出货卖出产品，但生产部门却要管控质量、存货，而财务部门要控制成本、现金流，于是冲突就潜伏在其中。

个人因素包含喜不喜欢这个人、价值观差异、个人特质等。

阶段二：发现与感受到冲突

当阶段一的情况真实发生，还需要双方都意识与感受到，冲突才会发生。这是很重要的阶段，如何看待这些潜在对立，会决定冲突朝良性或负面发展，如果能将情绪朝正向角度诠释，才能将潜在冲突通过创新的解决方案，转化成正面的结果。

阶段三：处理冲突的意图

依照"想要用何种方式回应"，可以从两种维度来看，一个是合作利他（试图满足对方需求的程度），一个是坚持己见（试图满足自己需求的程度），在这两个维度中，可看到五种主要回应的意图：

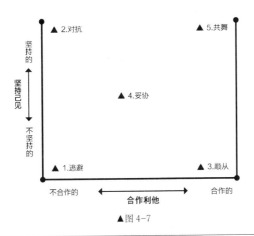

▲图 4-7

意图 1：逃避

忽略冲突，并逃避面对意见不合的人。

意图 2：对抗

采取竞争姿态，只顾自己利益，企图说服对方自己是正确的，不顾对方受到的影响。此外，也包含让对方偏离原本的方向，或让对方分心，忽略目标。

意图 3：顺从

跟随对方的观点立场，愿意牺牲自己的利益，成全对方。

意图 4：妥协

双方都放弃某些立场、观点、利益，接受不能完全满足彼此需求的方法。此外，也包含改变立场、改变方向，或妥协让步 。

意图 5：共舞

找出双方都能被满足的方案，需要靠创意将要分的饼做大，创造双赢。

人们在处理冲突时，通常会有自己习惯采用的特定意图，了解自己处理冲突时最常用的反应，有助于在冲突时提醒自己，这样的意图是不是适合。而组织也可以提倡，在职场的不同情境中，最被期望的意图会是哪些。针对自己最善用的意图，可以通过专业设计的心理测验来了解。

阶段四：外显的行为反应

处在这个阶段，冲突已经从隐藏的意图浮现成具体的现象，并且外显出来，所以很清楚就能看到，包含双方的言论、行动等不同程度的反应，从只是意见不合的口角，到公开质疑挑战、言语攻击，甚至到肢体攻击、公然决裂等。此时就需要采用一些冲突管理的技巧和方法来解决了。

阶段五：结果

良性冲突的结果是，建立共识，鼓励多元的意见。当成员愿意为了改善现况而提出问题与意见，只要没有破坏性的情绪或攻击，通过适当的引导，绝对能帮助团体的效率提升。而且异质性高的团体会比同质性高的团体更有创意，更可能获得较高品质的解决方案。而破坏性冲突所形成的失控与对立情绪，则会导致团体信任危机和团体瓦解，这是需要避免的。

● **自我成长练习** ●

现场处理冲突的技巧

（参考自德国完形治疗大师塔克·菲勒的研究）

1. 先获得双方愿意解决的意愿与共识

如果有一方不想和解，或刻意要伤害对方，没有什么技巧可以协助转变，所以要先取得双方愿意协商的意愿。

2. 聆听与复述

在当事人叙述时，务必将你所听到的内容清晰复述，以确认是否正确接收。

3. 由双方决定谁先说话

先说话的人A陈述完后，协助者先复述确认是否正确；再转向另一方B，A所说是否属实。若B觉得有部分不符合，询问是哪些不符，再反问A，是否如此。

4. 不预设立场

协助者先不预设立场，不主观判断，要完全把自己当成白纸，专注地聆听双方。让自己处在一种"空"的状态下，承接双方的内容。

5. 向共识前进

忽略"不要什么"，而问双方"要什么"。寻找双方都能接受的共同点。

6. 重新架构问题

用更宏观的角度和框架来定义问题，协助双方看到新的可能性。

让自己表现良好的情绪管理哲学

组织中，情绪往往会互相影响。情绪的觉察、抒发与表达，需要有适时的出口，才不会突然爆发。良好的情绪管理能力能帮助我们在生活和职场中收获认可与成功。

觉察你身边无所不在的情绪氛围

在我们每天的工作和生活中，随时都会与自己或别人的情绪共处。情绪就像空气一样，包裹在我们周围，有时候淡淡的，甚至都不会觉察；但有时候却又波涛汹涌，简直就要将人淹没。

在办公室里仔细瞧瞧每个人，感受一下，会发现其中充满各种情绪。有安静专注的人，有紧张焦虑的人，有偷偷嘀咕抱怨的人，有全力冲刺业绩的人，有热闹八卦的人，也有失意沮丧的人。除了每个人的心情，办公室里的气氛，往往也会有一些固定的基调。回想一下，在你平日工作的场合，办公气氛是严肃安静的、轻松有活力的，还是节奏快速紧张的？

而在"家"这个小组织中呢？当你回到家中，气氛是放松温馨、冷漠批判、平淡自在，还是冲突火爆？家中是时常洋溢着喜乐，还是充斥着其他情绪呢？你期望的又是什么样的氛围与心情呢？

这些环绕在我们周遭的情绪氛围，有些是我们自己的，有些是身边家人、朋友、同事、主管的，也有些是社区、社会大环境的，它们都会在无形中影响我们的日常生活。

由于情绪与其影响是很复杂的，不同的专家从生理、心理等不同角度切入，就会有不同观点和方法。所以在我们探讨如何在生活与工作中与情绪相处、如何能转化疏导情绪时，我们可以采用一种务实的观点，就是这种办法对你的生活（工作）有没有实际上的帮助。只要是实际上有帮助的，那就是我们可以参考的架构。

情绪和生理、心理、认知、行为反应息息相关

一般来说，情绪指因为某个刺激（人、事、物）而产生身体和心理上的一种有张力的感觉和反应，由生理反应、心理反应、认知反应、行为反应等四个层面的互相作用而形成。当我们有某种情绪时，很自然就会产生生理反应，譬如心跳加快、呼吸急促、手脚发抖无力等，可是不同的情绪有可能会有相似的生理反应，所以有时候还会通过认知反应来诠释为什么会有这样的生理感觉，因为每个人诠释的不同而引发不同情绪。譬如遇到工作上的难题，如果解释成"挑战"，就会有高昂的斗志；如果解释成"阻碍"，就会感到挫折沮丧。

心理反应是体验到情绪时的主观心理感受（开心、紧张、不安、难过、振奋等），被称赞时会开心、被指责时会难过、事情做得好会很振奋等，都是主观感受。同样是当众被称赞，有的人会很自在雀跃，有的人却不习惯出风头，而会羞涩低调。而有些情绪也会引发相对应的行为反应，譬如生气到要暴力相向、开心到开怀大笑、无助惊恐到手足无措、沮丧悲伤到暗自流泪等，这都是因情绪而产生的相对应的行为反应。

有时我们也可以从外在行为观察、猜测或判断对方处在什么样的情绪中。同样是学生吵闹，认知上觉得这是正常现象、只需要适当引导的老师，就相对不容易有情绪，行为上就会循循善诱、理智处理；相反，觉得学生不受教的老师，就容易生气，出现严肃训斥的行为表现。同样是丢掉大客户，有的主管觉得没关系，再经营就可以，心情起伏就不会太大，行

为上就会激励下属再接再厉；反之，若觉得问题严重，就可能大发雷霆。

"情绪状态" 瞬息万变

我们每天随时会处在各种情绪状态中，情绪状态通常只有瞬间短暂的几秒钟，是情绪最小且最快消失的单位，是被某种经验刺激后激发出来的。这种经验可以是外在真实世界中的事件，譬如另一半的甜言蜜语带给你的被宠爱的感觉、孩子在母亲节亲手做的礼物带来的快乐、突然冲出来的汽车带来的惊吓、假日还要加班的愤怒、完成工作的满足感与成就感等；也可以是内在心智活动而产生，譬如想象自己未来三个月后，完成项目的满足、反省过去某些事件的懊悔、对外来不确定的彷徨感等。通常，因为情绪就像河流一样瞬息万变，所以这些情绪状态出现后，很快就会被下一个情绪状态而取代。

"心情" 是种持续的 "情绪状态"，是种感觉

上一段提到，情绪状态通常会很快改变，而心情，是我们持续处在某一种情绪状态中（几分钟、几小时或几天），所以心情是一种持续的感觉。人有各式各样的心情，譬如考试出成绩前的忐忑不安（从考完持续维持到放榜那一刻）、跟客户谈一个方案希望能成交的期待感（从约访开始到最后要促成的过程）、谈恋爱之后的患得患失（因为对方反应而产生的持续感觉）。又譬如做了一个很成功的项目（事情的刺激），会觉得很高兴（情绪状态），当过一会儿后，原本高兴的强烈情绪，可能会慢慢转成一种淡淡的愉悦或很有信心的心情。

情绪特质代表一个人在情绪上较容易倾向的状态，是指可以长期

（不只是短暂的时间）代表你自己的感觉，从你身上可以很容易感受到某种情绪。譬如有人很敏感，她的心情可以因为不同的事情在短期内有变化，如恋爱时患得患失，同时又因工作而忐忑不安，那么她的长期情绪特质就是过于敏感（太感性）的。而有的人是属于"易怒"的情绪特质，不管遇到什么事情、在什么场合，或遇到哪些人，都很容易处在愤怒中。当你有某种情绪特质，就很容易增加体会到该情绪状态的机会。

读到这里，回想一下你自己和身边的人，感觉一下他们可能是属于什么样的情绪特质。是温柔善解人意，还是暴躁易怒，或是多愁善感，抑或是坚毅不挠？

从正确的角度看待情绪

有时候情绪常常被误解为不好的，是不成熟、缺乏自我控制的表现，但是情绪本身有它存在的价值。情绪就像一种能量，能让我们趋吉避凶，对于追求想要的事物的渴望，会成为我们的动力；对危险情境下的生理反应，譬如肾上腺素分泌、交感神经作用，会让我们瞬间更警觉敏锐、更有力气，随时准备行动；适度的紧张或压力会让我们处于备战状态，能有更好的表现；担心方案不能通过，会更用心准备，更注意资料是否符合要求；丰富的情感世界，让我们在沟通表达时更生动、更有人情味、更有同理心、更有自己的特色；也因为人们的丰富情绪，才有多样的艺术创作、文学作品、戏剧演出和发明等产生。所以接纳情绪、适当表达与运用情绪的能力，是相当重要的。

在"非暴力沟通"系统中，将情绪看成是一种侦测器，可以判断当事人的需求有没有被满足。如果感觉到的是正向舒服的情绪，代表当下内在需求是被满足的；如果感觉到当下的情绪是负面的、不舒服的，则代表一定有某个内心需求没有被满足。这时候就需要让自己安静下来，敏锐地觉察体会自己的感觉，发掘究竟是什么需求没被满足，再进一步采取行动。

情绪的表达可以通过学习得来

基本上，心理学家从观察婴儿发现，人类至少有恐惧、愤怒、爱等三种基本（原始）情绪是天生不用学习就会的（有些研究会增加快乐、哀伤、欲求、厌恶），其余的情绪是在成长过程中慢慢衍生出来的次级（复杂）情绪。而如何表达情绪则是从小在父母家人、老师、同学、媒体、社会文化等的影响下学习来的。

譬如有的家庭表达"爱"，是用默默关心付出；有的家庭是用"威胁"来控制孩子的日常行为；欧美社会见面，习惯用拥抱表达亲近，对情感的表达较奔放；东方人对情感表达较含蓄；日本人喜欢以鞠躬表达敬意等。此外，每个人天生情绪的强度不同，有的人很强烈且明显，有的人很内敛而隐晦。外向的人较容易展现情绪，内向的人则较收敛。我们也要接受每个人有其自己的情绪强度。

情绪管理 5 步骤

当我们谈到情绪管理时，并不是要压抑自己的情绪，可依下列步骤进行觉察与处理。

Step 1 觉察自己的情绪状态

先觉察了解自己的情绪状态、情绪特质。很多时候，职场上的工作伙伴，因为太专注于自己的工作、较常运用理性分析，而缺少对自己的情绪与感受的体会觉察。这时可以静下心来从感觉自己身体的变化开始练习（譬如身体哪个部位较紧绷、哪边会酸疼等，也可以将注意力放在每个呼吸上来细腻地觉察身体）。把注意力重新放回自己身上，让自己安静下来，持续地问自己现在的感觉是什么，觉察自己心里现在有哪些内在自我对话的声音。

另外也有一个练习方式，是练习开启自己五感（视、听、触、味、嗅觉）的感官感受力（譬如戴上眼罩一段时间，让自己只能用"耳"听这个世界、用手触摸周遭环境等）。当五感的感受更细腻，对自己的"感觉"也会多一些觉察。

Step 2 接纳自己

接纳自己当下所处的那个情绪。当自己能接纳与承认处于某种情绪中时，才能真正去面对情绪，然后找到跟情绪共处的方式。譬如有人明明语气很愤怒，却一直说："我没有生气。"这表示其实他并不接纳自己的愤怒，他的内在解释和外在呈现出来的愤怒并不一致。当他接受自己生气了，才有可能了解到底是在气什么，才能再接着找到可以调整情绪的方法。

Step 3 辨识真正的情绪感受

辨识确认真正的情绪感受以及可能造成的原因是什么。

譬如父母很生气地责骂小孩，其实最原始的情绪可能是对孩子没有达到期望的失望，却转变成次级情绪（愤怒）呈现出来，甚至加上打骂的情绪反应。若是父母没有觉察到心底的失望感，而只针对不当的"愤怒"来处理，就可能只会为愤怒而道歉，但以后还是有可能因为"失望"的情绪，而再衍生出其他情绪。

Step 4 用清楚而适当的方式表达

确认自己的情绪后，接着就是在正确的时机，用清楚而适当的方式表达。所谓正确时机，是指在适当的场合与较稳定的状态下沟通。当双方处于争吵的情绪中，往往有很强的情绪张力，这种时候先暂时离开现场会比继续待在那里试图沟通有用。在表达情绪时要尽量避免直接放纵地宣泄情绪和攻击对方，而是要让自己尽量平静理性地陈述事实。譬如"你答应今天要完成的，但还是没有交，让我很难过"这句话，就呈现出事实（今天没做到）+心情（我很难过）。

Step 5 给情绪一个空间

有时候尽管我们已经知道情绪是什么，以及为什么会有，但还是有强烈的情绪存在时，就要给予情绪一个空间，允许自己有一小段时间可以先沉浸在情绪中，通过音乐与情绪共振、用文字书写心情、用歌声抒发能量、用运动排除烦闷、用绘画表达感受、找好朋友哭诉等方式，找到各种你喜欢的情绪出口来适当疏通和引导。

▲图 4-8/4-9
面临压力时，可通过运动放松来调适情绪

组织中的情绪表现

如同前面所说，每个人的情绪特质、心情和表现情绪的方式是如此不同，在组织中面对那么多的成员，就需要练习如何在组织中表现自己的情绪。

不可否认，每个人都会有自己"感受的情绪"——内心真实感受到的情绪，以及"表现的情绪"——工作上被要求表现出来的情绪。每个组织可以接纳的情绪范围是不同的：有的公司较开明，鼓励良性冲突与竞争；有的公司要求一板一眼，情绪的流露不被接受；有的公司则充斥着私下的埋怨、诋毁。当我们处在一个环境中，先了解这个组织中对于情绪表达的规则就很重要。有些人处理事情的能力很强，却因为忽略了在单位中情绪表达的分寸，而影响自己的职业发展和人际关系。

情绪性行为，指因为情绪因素而造成的行为反应与变化。每个人对情绪的反应不同，从家庭、社会文化、人际相处中，我们学会不同的反应方式。心情不好的时候，有人会找朋友倾诉、有人会吃东西、有人会挑衅起冲突，这些都是情绪下的行为反应。在私人领域，朋友或家人可以包容我们的"直率"个性，但在职场上，就没有人有义务承担这些了。

这个部分，也是情绪劳动（指要求员工在工作时需展现某种特定情绪以达到该职位工作目标的劳动形式）会提醒我们的。譬如服务人员要很亲切、语调温和有礼；工作团队之间要彼此关心、支持；销售人员要主动出击、感染顾客；领导者被期望有情绪感染力、活力充沛、热血沸腾等。

在正向情绪扩建论的研究中发现，正向情绪（兴趣、满足、享受、宁静、快乐、喜悦、放松、自在、爱等）会扩大一个人的注意力和行为反应能力，因此会让人有较高弹性、创造力、较有效率、较能接受新信息、适应力也较高；负向情绪则会窄化一个人的注意力，导致特定行动倾向（譬如，生气时会想报复或讨回公道，焦虑或害怕时会想逃避或躲开，悲伤或忧郁时会一直精神不振）。因此，一个组织能创造正向情绪氛围就很重要。

而组织中，每个人都会被要求有能够体察自己与别人的情绪、适当表达情绪、适当调整与运用情绪的能力。其中包含以下五个维度：

1. 自我觉察：了解自我感受的能力。

2. 自我管理：处理自我情绪及冲动的能力。

3. 自我激励：面对失败挫折的自我恢复力。

4. 同理心：体会他人及了解他人的能力。

5. 社交能力：善于对待及处理他人情绪的能力。

读者可以自行评估自己在这五项方面的掌握状况，再看有哪些方面需要加强。目前由于脑科学的进步，西方最新的研究实验证明，长期持续的练习可以改变大脑内的情绪系统，让我们拥有更好的情绪管理能力，并运用在生活和工作中，追求我们想要的幸福，这真是一个很棒的情绪管理里程碑。

面对压力与调适压力

对每个职场上的工作者来说，大大小小的事情都是肩头上的压力。有的人觉得游刃有余，有的人感到吃力沉重，有的人勇于挑战，有的人则退缩逃避。该怎么让我们增强面对压力的能力，甚至在逆境中都能坚强应对，就是这一节我们要讨论的焦点。

生活在现代，相信很多人都会觉得生活和工作中充满压力。有来自大环境的压力（经济情况、消费水平等），也有工作上面临的挑战（业绩怎么提升、任务怎么完成等），以及生活上的各种压力（夫妻关系、婆媳关系、子女教养、父母照顾、养老等）。

对于压力，不同学者也有不同研究与看法。我们在这里可以将压力看成是一个人受到内外在刺激因素（压力来源）后，自己怎么解读和处理，然后所产生的反应状态（压力反应）。所以可以分成压力来源、个人内在处理过程、压力反应等三个部分来细看。同样的压力来源，因为每个人不同的解读，会产生不同反应。

压力来源	• 外在环境因素（政治、经济、科技进步） • 组织内部因素（工作角色、人际协调、目标任务、组织结构、领导风格、组织周期） • 日常事务 • 生活压力（家庭状况、经济理财等）
个人内在处理过程	• 个人性格与特质差异（工作经验、内控外控） • 认知诠释与解读（解释形态：乐观 / 悲观） • 人际关系（支持网络）

压力反应	• 生理反应（头痛、高血压、心血管疾病、胃溃疡、没食欲） • 心理反应（焦虑不安、紧张、消沉疲累、苦闷、满意度低） • 行为反应（抱怨、旷工、离职、坐立不安、绩效降低、发生意外）

谈到压力，有一点要注意，其实压力不见得都不好，适当的压力往往是进步的来源。这一点很重要，要先置入脑海中。譬如没有考试压力，学生可能不会太用功读书；没有业绩压力，业务员可能不会太积极开发业务；没有同业竞争，产品和服务改善和进步的速度可能就会慢一点。

每个人都需要相当程度的压力来驱策，最适当的压力强度是比个人能力再高一些，最能激发个人潜力。压力太低会松懈而不容易进步，压力太高则可能会费尽全力还是不能克服，导致耗损过多，不易恢复原本水平。比自己能力再高一些，可以扩张我们的能力。

检视自己的压力来源和生活事件

要进行压力管理，第一步就是先检视自己的压力来源与压力属性。如同表中所示，压力来源包含以下几点。

1. 外在大环境因素

诸如天灾、经济形势、国家社会发展状况、社会风气、文化制度、习俗等，这些都是会对我们造成压力和影响的外在大环境因素。

2. 公司组织内部因素

包含在有限时间内必须达成任务（业绩、新产品研发、生产交工期）、工作环境与设备是否安全舒服、员工相处是否和谐互助、主管领导风格、是否有成长空间、组织面临的产业现况等，这些也都会形成对个人的压力。

3. 日常事务

每天重复、例行遇到的问题与事情，譬如出门堵车、家人吵架、缴账单等生活开销、睡眠不足等，这些琐碎的事务，每样影响都有限，但持续累积却也会造成很大的压力。

4. 造成生活改变的事件

生活中所发生的一些事情的变动，都会让我们原本平衡的生活受影响。

下表是参考一些学者（Holmes和Rahe；苏东平和卓良珍）的研究，综合整理出来的生活事件对我们的冲击指数，供大家参考。所以，假如你或身边朋友在半年内遇到下表中的一些事件，就要特别留意调适心中的压力了。

排名	生活事件	冲击指数	排名	生活事件	冲击指数
1	配偶死亡	86	17	负债超过40万元	44
2	近亲死亡	77	18	好友死亡	43
3	牢狱之灾	72	19	性行为困扰	43
4	离婚	68	20	怀孕	43
5	个人身体有重伤害疾病	61	21	与配偶和好	41
6	事业上有重大转变	60	22	改变行业	40
7	夫妻分居	56	23	与配偶大吵	40
8	家人健康重大改变	55	24	家中有新成员产生	40
9	负债未还/抵押被没收	53	25	职务上有重大改变	38
10	工作被解雇	53	26	配偶开始或停止工作	26
11	重大的财务状况改变	51	27	个人习惯改变	24
12	结婚	50	28	与上司不和	23
13	家庭人数有重大改变	45	29	住所改变	20
14	个人杰出成就	45	30	转换学校	20
15	退休	45	31	睡眠习惯改变	16

续表

| 16 | 儿女离家 | 44 | 32 | 放假（假期、节日） | 13 |

（＊这份经典研究的原始资料搜集于1981年，其中排名第17位的"负债金额"，
在当今社会需要依物价指数转换，请读者自行斟酌。
而多少金额会导致心中压力，每个人主观感受也会不同，在实际运用上要谨慎。）

计分方式很简单，就是给自己半年内所经历的事件打勾，将相对应的冲击分数相加就是得分。

分数	压力程度
300 分以上	重度压力
200-299 分	中度压力
150-199 分	轻度压力
149 分以下	轻微（无）压力

以往我们觉得只有不好的事情会产生压力，而从这个研究中可以知道，有些令人开心的事情也会带来压力，譬如结婚、放假、节日等。上面这个表格是让大家作为提醒自己目前压力状况的参考工具。因为每个人的解读不同，所以实际感受到的压力指数也会不一样。

值得注意的是，除了上述外在因素外，压力持续的时间长度、压力的强度，以及压力是否事先可以预测，也都会影响我们受压力的影响和对压力的承受力。

了解自己面对压力的内在过程

在面对压力时，个人内在状况是最关键的一环。生理状况、心理特质（自我概念、事情掌握度）、认知诠释、问题解决能力等，都会影响个人会怎么回应压力。在生理状况上若是能保持良好的体能和健康，在面对压力时也会有比较充沛的能量来应对。

心理特质有很多，我们先挑几个比较重要的来看。

1. 自我概念是否积极正向

是否有自信，会影响人们怎么面对压力。有自信的人，面对压力事件，更有勇气面对、更能接受挑战，比较能采取积极行动。

2. 对事情的掌控度

这里指的是自己可以控制生活中事件的程度。如果觉得大多事情都是自己可以掌握的，是内控型的人，就会觉得一切操之在己，只要努力就一定可以达到；若是觉得事情由外在因素决定（包含运气、他人的决策），而不因自己的努力改变，则是外控型的人。内控型的人，相信自己可以改变，会较积极，所以压力会小一点；外控型的人会觉得压力是外界因素造成的，较被动，所以容易累积较多压力。（内外控这点跟第一章提到的内外在归因是一样的意思。内外控特质没有绝对好或坏，太极端地认为自己可以控制一切或者觉得自己完全没办法掌握，会变成过度乐观，或是过度无助沮丧。）

3. 对自己的期待

若是对自己的期待超出能力太多、过于追求完美，希望每件事情都能完美解决，就会产生很大的压力。这些期待和价值观，都是受幼时和过往经验所影响的。要针对期待过高这点，可以如同第一章曾提过的，将大目标切成小目标，并挑自己现在可以完成的先开始。当事情开始有点成绩，就会提高自己完成目标的信心。

4. 解决问题的能力

当遇到压力事件时，若能具备快速厘清问题、把握解决问题的优先级、制订具体可执行目标、找出各种可行方案、挑选最佳方案、落实执行、追踪修正等能力，相对来说就可以解决压力事件，减少压力的累积。

压力的调适与因应

综合上面所提的，当压力来临时，我们可以采取适当的调适和因应策略。调适是指调整自己内在的情绪和状态，让自己能先接受压力的存在并安抚自己受到的负面影响；因应则是指整合自己内外在的资源，采取行动，解除问题和压力。

在谈到面对压力时，有一个很重要的关键是，要了解与避免受到自动防卫机制的影响。有时候当面对的压力太大，让我们一时无法承受、不愿面对时，我们本能地会用某些方法来保护自己，譬如否定、合理化、压抑、投射等，使我们能避免第一时间面对超出负荷的现实状况。本质上不会改善外在的压力情境，而只是暂时改变我们的想法和感觉，保护自己不受伤。

几个常见的防卫机制反应如下：

1. 否认反应

面对突如其来的噩耗，会用拒绝承认现实来保护自己。譬如突然知道自己得了癌症，有的人一开始会拒绝相信；或是家人突然发生意外，有时会让人不愿接受，会相信还是有机会，还是有希望，期待有奇迹。

2. 合理化反应

对于有威胁性或有压力的行为，会找一个自己和外界比较可以接受的理由，来取代真正的理由。譬如业绩不好，不说自己不够努力，而是说运气不好；自己得不到的东西，就挑剔说不好的酸葡萄心理，或自己得到的（即使自己不一定很喜欢）也都会大力吹嘘有多好的甜柠檬心理。这些都是合理化反应。

3. 压抑反应

这是指把某些会引起我们焦虑的需求、渴望或冲动的事情压制下来，排除在意识外，以避免外界不能接受，或避免感到痛苦、焦虑等情绪。譬如有的人明明很生气，但从小的教育又让他觉得人要很有礼貌，所以就自动化地把愤怒憋在心里，没有表达出来；或者有的人觉得要乐观正向，不允许自己感受到负面的情绪。事实上这些情绪并没有消失，只是被压抑到潜意识中了，化明为暗，默默影响我们而不自知。

4. 反向反应

有时候为了掩饰内心的真实状态以减少焦虑不安，我们反而会表现出与自己真正动机、需求相反的行为。譬如自卑的人，往往会虚张声势，以掩盖自己的缺乏自信，或明明很不喜欢眼前这个人，却故意表现得很热情，来遮掩自己因为讨厌对方而产生的罪恶感、不安感等。

5. 投射反应

有时候我们会把自己身上不喜欢的缺点，或较不被认可的特质和行为，不自觉地投射在别人身上，很自然地指出他人有这些缺点，并加以放大、抨击，以转移注意力、降低焦虑。譬如不喜欢自己太骄傲，却很容易看到别人很骄傲；不喜欢自己太市侩，往往也很容易看到别人势利、现实的一面。

6. 消除反应

有时候我们会做某些事情来预防或弥补自己的行为所引起的愧疚或罪恶感，或是通过某些行为带来期望的效果，以减少或降低焦虑和压力。譬如先生有外遇时，会突然对太太特别好，弥补愧疚感。

前面提到的这些自动防卫机制，其共同点是暂时缓和现况的压力，但并不能直接解决压力的存在，是比较消极的应对方式。有的人甚至会以酗酒、滥用药物、大量抽烟、暴饮暴食，或过度沉溺于工作或某件上瘾的事情来逃避。就长期来说，这些都不是好的应对方法。

积极的压力调适与管理

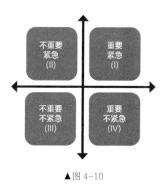

▲图 4-10

1. 善用时间管理，减少不必要的压力因子

先列出所有事情的清单，仔细分析评估，依照重要性顺序决定一天、一周的活动，将不一定必要的事情排在最后，同时了解自己最有效率的时间状态，做最有效的事。

2. 改变对事情的认知诠释和期望

如同前面提到，在面对压力的内在过程中，我们对事情的不同诠释，影响着这件事是带来压力还是助力，所以一旦觉得自己有压力，让自己积极去检视分析每一个造成压力事件背后的解读角度，试着从多方面来看。

当被压力卡住时，多问问自己：事情只能这样解释吗？有没有其他可能性？是否可以正向解读？从别人的角度又会怎么看？有时候尝试用多元观点来看，可以带来更多的弹性和选择。

而对于追求完美，要提醒自己是"一般型完美主义"还是
"神经质型完美主义"。

所谓一般型完美主义，是指积极追求成就、能设定合理目
标，也能接受失败，当付出努力得到成果时，会得到满足感。
在过程中是合理期待能比现在更好，所以对于目标和任务会要
求注重细节，但对其他目标外的事情就会较随意。

而神经质型完美主义则会强烈害怕失败，虽然已经表现
很好，但还是没办法满足，永远嫌努力不够，所以会陷入不断
的自我批评，也极度在意他人的肯定认同，会较缺乏变通的弹
性，也无法享受成功的乐趣，这是心理学家博内特（Blatt）
1995年的研究成果。

如果你身边有这一类过于神经质的完美主义者，可以问
他：不完美又会怎么样？每个人都很完美吗？让他自己去看反
例，让他原本很坚固的角色性格能开始有些松动。

3. 增加运动量，适度运动、培养健康生活习惯

妥善安排自己的生活，包含充足的睡眠、均衡的饮食、
休闲生活，以及培养适合自己的运动习惯等（有氧舞蹈、慢
跑、快走、游泳、骑自行车）。这些都能让我们在平日就调
整好应对压力的体质，当压力来时，让我们有足够的能量可
以进入战斗状态。

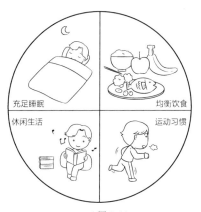

充足睡眠　　　均衡饮食

休闲生活　　　运动习惯

▲图 4-11

培养良好的生活习惯，随时做好应对压力的准备

4. 练习放松技巧，舒缓身心压力

除了第三点的良好习惯外，也要在平日就让自己有几样已经熟悉的放松技巧或工具，当有需要放松时，可以很快启用。呼吸静坐调息、音乐冥想、自我催眠暗示、泡澡、SPA 等，这些都是平日得先准备好的"工具箱"。

5. 扩大社交圈，善用社会支持网络

有时候人际网络也会是很好的压力缓解与支持系统。有良好的社会支持，能让我们感受到被接纳、被爱、被需要的归属感，让我们感觉到亲密、互相分享快乐、分担痛苦。有人分享的快乐是加倍的快乐，有人分担的痛苦是减半的痛苦。朋友、同事、家人、师长等，都会是我们很好的支持，当我们有高质量的社交支持网络，就会降低工作疲乏的可能性，也能让我们较快恢复活力。

第六节
创造组织中的正能量

我想，对很多人来说，若是自己所处的组织有很好的文化和氛围，那会是相当美好的一件事。接下来我们就来看看如何创造组织中的正能量。

人际关系对我们影响甚大，甚至可以改变生理功能

由于神经科学的发展，临床医学上的功能性磁共振成像技术（functional MRI, fMRI）拍摄的大脑影像，让我们能一窥大脑的各种机制。知名心理学家丹尼尔·戈尔曼（Daniel Golema）曾提到：人类大脑基本功能就是为了与他人沟通，我们先天就具备与他人联结和互动的神经回路——大脑的这部分可称为"社会脑"。社会脑是人体中众多神经机制汇合处，负责统筹我们与他人的互动，以及我们对人际关系的想法和感觉。

在情绪上与某一个人的联结越紧密，相互作用的力量也就越大，尤其是日复一日长时间相处的人，我们最关心、在意的人，会引起最强的相互作用力。而人际关系的经验甚至会改变我们的生理功能（内分泌、免疫调节等），美好的人际关系能让我们更健康，糟糕的人际互动则慢慢侵蚀我们的身体（会让压力激素浓度快速提高）。

重复出现的经验，能够改变神经元间的形态、大小和数目，也就是说，当你处在好的人际互动中，大脑与这部分相关的神经回路也会持续被加强；若是长期处在负面的经验中，脑中负面的神经路径也会很深刻，相对就更容易引发负面经验和情绪。

所以我们和身边遇到的其他人用什么方式联结、创造什么样的氛围，就相当重要。大脑神经中的社会回路，会引导我们处理生活中的各种人际互动。

情绪感染传递速度远快于理性思考，在潜意识路径进行

经由脑科学的实验发现，脑细胞中的镜像神经元可以让我们感知到他人即将做出的动作和感受，并能让我们模仿对方的动作，同时体验对方的感受。

当我们的五感观察或接收外界某人的某种情绪时，大脑神经回路会自动发出信号，会让我们产生类似感受，或者对他人情绪产生反应，甚至我们理智上都还没有来得及思考，而情绪的感染早就已经通过在理性意识层面下的潜意识路径传递出去，这也是为什么有时候我们会有直觉的原因，也许在我们都还没有在理性层面上意识到什么，就已经接收到对方在底层传递出来的许多情绪信息。

情绪系统的传递，远快于理性思考系统好几倍，所以才有人说：人类不是理性动物，而是会找理由的动物。情绪的交换和传递往往在不知不觉之间完成。譬如当我们看到他人行善时，在心底会产生温暖的感受与振奋感，这样的振奋感也会传，让我们产生也想做好事的冲动。

而实验也发现，"回忆自己过去最快乐的经验"，以及"听朋友分享，试着去体验好友的类似经验"（所谓的运用同理心），这两种心灵活动，在大脑中是同样的神经回路。所以同理心也伴随某种程度的情绪分享与共鸣。因此，要锻炼同理心，也可以从仔细回忆、感受自己过往快乐、成功的经验开始，提高感受力可以促进正向力和同理心的提升。

建立组织中的安全基地和心理契约

在街道上，人来人往，人们不太在意身边经过的人，也许是要隔绝太多混乱纷杂的刺激，而陷入一种只专注于自身的状态，叫"城市迷走症"，以致忽略周围人群的迫切需要。在办公室里呢？在你工作的场域中呢？每个人是不是也会太专注于忙碌自己的事情，而疏忽了同事的需求？忽略了客户的心情？

在第二章我们提过父母要为孩子提供"安全基地"，让他们在情绪低落、需要鼓励、关怀和支持时，可以有依归，包含心理的、空间的、身体的，让他们觉得是安全的。在被疼爱的过程中，会有一种愉悦感、放松感。

在组织中也是如此，下属如果觉得主管能提供安全基地，可以是有后盾的、被支持保护的，就能全力发挥，将工作上的阻碍视为挑战而不是威胁干扰。若组织让人觉得焦虑、担心被指责、排斥或解雇，自然就容易畏缩。同样，除了主管之外，同事之间、职场伙伴或朋友，都可以让我们有安全基地的感受。

有时候关心并不用花太多时间，也许只是个微笑、只是个眼神交会的默契，你愿意在百忙之中，花些时间关心身边的同事、朋友或家人吗？当我们愿意多留意身边的人、事、物，有时只是多付出一点注意和关心，就可以建立彼此的情绪联结，这样的氛围自然会在办公室里传递出去。每个人都可以成为正能量的源头，只要从身边的小小的关心和付出开始，就能启动正向循环的能量。而当组织中每个人都这样做时，组织中的气氛自然会越来越好。

▲图 4-12
每个人都能成为正能量的源头

在一个团队中，如果从主管开始，到每个成员，都愿意共同承诺与遵守、创造属于团队（组织）的共事规则，决定团体成员间的共同期待，以及会正确对待彼此，让团体成员每个人在身体上、情绪上都能感到安全、被支持、能分享的气氛，这样的一种心理约定（若能化为书面文字标语或象征更好），就叫作"心理契约"。当在办公室中能随时看到彼此共同的约定，也就随时提醒大家：我们会兑现承诺，彼此支持，可以让每个人更有安全感地投入于此。

而领导在和下属相处时，更要注意自己和他们互动时的态度，因为下属对于自己和上司的负面互动，会留下比正面互动更深刻的记忆。管理情绪高昂的团队成员，会感受到较正面的情绪、协调和互助；管理情绪恶劣的团队成员，彼此间难以配合呼应，效率较低。当然，凡事没有绝对，若是恰到好处的怒气，有时也和赞美一样，可以激励下属，就像适当的压力会让人成长一样，只是要怎么拿捏其中的尺度，就看大家自己的经验累积了；态度是否合适，就看团队成员之后的表现是不是能有所突破。

这除了适用主管和下属，也适用于其他的人际关系，如老师和学生、父母和子女、医生和病人等。

善用教练式领导，发挥每个人的潜在能力

在组织中如何让同事发挥最大的潜能，往往是每个主管不断思考的。从情境式领导中我们可以看到随着成员在专业能力和工作心态上的不同，主管们也会有不同的切入点。而除了传统指导式或导师式的领导外，教练式领导也是一种可以让成员自发性看到问题，并自己找到解决方法的好工具。

所谓教练（coach），英文最原始的意思是由一队马匹拉的大型马车，是要将重要的人从目前所在地，很舒服地运送到目的地。在职场或人生中，教练则陪伴你走一段路，通过提问的方式，让你厘清现况、排除干扰、找到内在热情与动力，进而能协助你走向未来的目标。教练相信每个人已经具备能力、资源，是最了解自己工作和生活的专家，只要善用当事人已经具备的技巧和能力，就能逐步往外扩张经验，实现梦想。

教练所运用的方法和派别也很多元，我会将心理学中焦点解决学派的观点运用到教练中来讨论。

当每个人越是谈论自己想做的事，就会越有动力、神采飞扬；而越是谈自己的困扰、烦恼、负担，往往会越沮丧。当我们讨论未来的可能性，就会满怀希望，也更有创意和动力产生行动，这会是一种"解决式交谈"；而持续看到问题，就变成"问题式交谈"，最后会困在其中难以自拔。

当然，这并不是说，不要去看问题，而是将"问题思维"转换为"解决思维"。譬如有人抱怨和同事相处很沮丧。一般人的反应会继续问：发生什么事情了？于是对话会有一段时间围绕在发生的一大堆问题中。若是回答：听起来你想找个方法来解决和同事相处的问题。那

方向就会朝着如何解决问题来发展。对话中自然会渐渐知道发生了什么，只是方向转向了建设性的解决方案。以下有一些焦点解决的教练式提问原则，可以作为参考：

1. 询问好问题，而非告诉对方该怎么做

我们很容易会想指导对方，尤其是当你的经验与背景知识优于对方时。但是，很多时候虽然对方表现得好像都听进去了，其实从之后的行为我们可以知道，他并没有采纳我们的建议。通过提问题，让对方自己说出解决办法，他会更有执行的动力。

2. 已经有效的方法，就继续保持

不要试图讨论当事人认为不存在的问题，尊重对方的观点。找出到目前为止有效的方法（即使只有一点点效果，或只是偶尔有效），有效的方法给我们机会去找到什么能行得通。

3. 曾经成功的方法，就多做一点

无论卡在什么地方，如果发现曾经有方法可以成功克服，就仔细找出所有细节，然后重复做，直到累积更多成功经验。

4. 方法无效？那就换一个

如果现在采用的方式没办法改善，那就表示需要另外找方法了。不要期待同样的做法会带来不同结果。放弃那些之前做过但没用的方法，不要重蹈覆辙。

5. 问题并非随时发生，找出例外

总有些时候，问题不存在。找出是什么因素可以发生例外，并且去创造它。

6. 未来是可以改变与创造的

不管现况怎么样，心中一定要有的信念是：未来可以经过现在的努力而改变。有这样的信念才能让我们不断设法找到解决的资源和方法。

7. 鼓励当事人多做有帮助的事

当我们能聚焦在有帮助的事情上，每一个成功经验无论大小，都可以成为鼓励与支持的力量。所以已经发现有帮助的方法，就要鼓励多做。

善用员工协助方案，成为心理健康的保护伞

员工的心理健康是这些年人们持续关注的问题，主要就是为了通过三级预防概念，让员工能在平常就累积好的心理健康知识、体验与练习，让压力过大、累积太多情绪或刚好遇到一些人生挑战的同事，能在第一时间就得到关注，通过心理咨询，专业心理师协助他缓解压力、调整自己的身心状态。心理健康讲座、心理学课程、员工关怀、员工福利活动等，都是通过组合形成系统的"保护伞"，让员工可以有更好的工作环境与支持。

以欣赏的角度看待这些年我们所做的事，
为组织带来正能量

在过往的团队训练中，我问：有哪些是我们做得不错的？接下来就会发现当大家在讨论时，脸上充满笑容，开始有很多互动火花。当我再问：有哪些是我们可以做得更好的？也会看到大家很认真地讨论、集思广益。这两个问题，都是肯定式探询中会运用到的。对团队而言，回顾哪些是有效的、成功的做法，因为是过去成功的巅峰经验，所以会有很高的能量，会给予大家信心，让大家找出关键成功因素后，思考接下来可以怎么发展。

▲图 4-13
询问大家："有哪些是我们做得不错的？"

▲图 4-14
询问大家："有哪些是我们可以做得更好的？"

还可以问哪些问题呢？

1. 回想一下，过去的哪一次经验，让你感觉团队（公司）的表现特别好，可以说说当时的情境吗？当时发生了哪些事？

2. 回想一下，过去有没有某个时间点，让你感到"以身为团队的一分子为荣"？让你感到自豪的是什么？

3.如果公司有某些让你珍惜的地方，那会是什么？原因是什么？

若我们都能将注意力放在让自己和组织更好的方法上，那么整个单位内的氛围将会是很正向、很有能量的，我们也将创造出正循环，为彼此带来开心、愉快、很值得在此贡献心力的幸福感，而这些都是可以努力创造出来的，祝福大家都能在幸福企业中愉快工作！

第五章

迈向圆满人生的助人心理学

第一节

从积极心理学谈乐观的学习

第二节

从积极心理学谈快乐人生

第三节

打造幸福力的时间线

第四节

从故事中得到疗愈：叙事、隐喻与自由书写

第五节

专注在"你现在在做什么"的

现实治疗学派

第六节

从"你想要的未来"找到解决之道

第七节

阿德勒心理学与重构生命风格

第八节

锻炼正念觉察，帮助你拥有应对挑战的定力

就像科学从古至今会不断进步演化、日新月异，心理学的发展也在不断演进中。由于不同的时空和文化背景，**每一代的心理学家都会因环境与氛围，发展出符合当时潮流的心理学**。例如现今互联网时代长大的年轻人，一定会有不同的成长经验，也会遇到不同的问题，很自然会衍生出不同的心理学内容，以解决这些问题。

而每位心理学家、咨询师或心理工作者，也都会因为自己的成长经验、背景、偏好，而选择或发展出某些特定类型的心理学治疗与助人方法。

这一章会与大家分享其中一些好用的方法，包括**积极心理学、叙事治疗、现实治疗、焦点解决学派、阿德勒学派与正念减压**等。

从积极心理学谈乐观的学习

《学习乐观 乐观学习》一书中提到著名的美国心理学家马汀·赛利格曼博士（Martin E. P. Seligman）研究推广的积极心理学。其中谈到"解释形态"，指的是我们平常看待与解释生活事件的习惯思考反应。面对同一件事情，当我们用不同角度解读时，就会引起不同的反应。悲观的人，遇到不好的事情都会觉得是自己的问题，而且会持续陷于低潮。而乐观的人，遇到同样不好的事情，会倾向认为失败是暂时的，背后都有原因，只要找出来就能克服。

我做了"解释形态"测验后，发现原来自己的想法是偏向悲观的，于是，从那时候起，我刻意做了很多练习，来提醒与改变自己的习惯思考方式，也因此慢慢能变得乐观一些。

影响我们乐观或悲观的"解释形态"

"解释形态"指的是我们平常习惯性解释生活事件的倾向。乐观的人遇到事情，会认为现在的挫折只是暂时的，失败的原因可能有很多，不完全是自己的错，还得找出其他原因。悲观的人常常觉得凡事都是自己的错，而且很容易感到没希望，或觉得失败会持续很久。

解释形态可以从三个维度来看，分别是永久性（永久的或暂时的）、广泛性（全面的或特定的）与个性化（内在化或外在化）。其中"永久性"和"个性化"这两项，跟第一章第二节中提到的归因理论是一样的，差别在于归因理论是针对单一事件的解释，而解释形态则是指我们会用一个固定的习惯模式来解释事情。

"永久性"是指时间长短的永久性。乐观的人遇到不好的事情，多数会倾向跟自己说：这只是暂时的，过段时间就好了，不会一直都那么衰吧？而悲观的人遇到不好的事情，就较容易觉得厄运会持续纠缠着自己，认为自己会长期运气不好，或表现不好，不容易改变。有趣的是，当遇到好事情时，情况却刚好相反，乐观的人可能会觉得好运是长期的或永久的，譬如是我的能力好、我的人缘好，"能力"和"人缘"都是一种持久的特质；而悲观的人比较会觉得好运是短暂的，譬如"只是这阵子运气好""只是这次有贵人相助""只是最近我刚好做了"。而"广泛性"是指涵盖范围的全面与否。譬如一个方案失败了，乐观的人会觉得只是一个方案出状况，其他部分都很好，不会因此影响其他工作或生活；悲观的人会很容易觉得"自己整个人都是失败的"，因此陷入沮丧，广泛而全面地否定自己。

▲图 5-1
面对失败时，乐观者与悲观者的反应大不相同

　　再譬如，一个人如果失恋了，乐观的人当然也会难过，但他可能会将失恋解释成只是自己情感上的失利，不会因此否定自己其他方面，比如个性、为人处世、工作能力等。而悲观的人，可能就会觉得整个世界都崩塌了，自己所有的部分都很糟，甚至觉得人生没有希望了。

"个性化"指的是我们对于引起事情原因的"内在化"或"外在化"（类似"归因理论"）。同样以失恋为例，乐观的人倾向觉得是别人的问题、外界的问题（外在化），悲观的人则倾向觉得是自己的问题（内在化）。

这里要注意的是，乐观并不是要把责任推给外界，每个人还是有该负担的责任，更要有面对现实的勇气。悲观的人往往会承担太多不需要自己负责的责任，若把别人的责任和外在的责任都归咎于自己，就是太过内在化。遇到好的事情时，乐观的人大多会认为是自己的原因，悲观的人则会觉得是别人或外界的原因。当然，并不是要一直争功或过度自我感觉良好，只是若太低估自己的贡献，长期下来，就会觉得自己微不足道，让自己陷入悲观的循环之中。

悲观的解释形态，比较容易催化抑郁症，特别是当环境不友善时，更容易滋长。好消息是，可以通过练习让自己变得较乐观，也能学习与挫折、沮丧共存。

假如你自己或身边有比较容易沮丧的人，可以试着从这三个向度，通过几个简单的问题来帮助他转念。

针对时间的永久性，当你听到类似"我总是做不好、很糟糕、运气很差"时，可以很温柔地反问他：一直都是这样吗？有没有例外的时候？总有做得好的吧？我记得你那次做得不错！这部分是提醒他看到，其实事情并不总是他看到的样子，也有好的时候。同时，把时间切割成过去、现在、未来，以此来看待问题。譬如：

A：我运气不好。（并没有说是什么时候运气不好，等于是说从
    以前、现在到以后都不好。）
B：你只是之前运气不好，现在会越来越好，以后（未来）一定
    会更好。
A：我很笨，都不会。

B：你只是以前没用对方法，只要现在用功点，以后就会懂得越
来越多了。

如此就能化解对方在永久性上的迷思。

针对广泛性，当你听到类似"完蛋了""我没希望了""我没救了"
这样的句子或对话时，可提醒对方或自己：只是这件事完蛋了，只是现
在这部分可能没希望，没那么严重，只是现在事情不顺利。这些表述是
提醒我们，要让不好的事情只局限在一小块范围内，不要把糟糕的事情
扩大到自己生活或工作的其他范围中。

针对个性化，若自己或朋友，一直觉得所有事情都是自己的错，或
自己能力不佳，可试着去看：有没有什么外在原因会造成影响？如果有
其他原因会造成这个结果，可能会是什么？这部分是练习看到事情的更
多可能性，而不只是归于单一的原因。

善用观念转变的ABC模式，跳出悲观的框架

我们有时会习惯反复咀嚼过去的事情，分析为什么会这样、怎么
样比较好，这样的行为称作"反刍"。反刍可以是乐观的角度，好处是
能学习如何避免类似的事再度发生；但也能是悲观的，一直陷在情境记
忆中，持续被糟糕的情绪影响、自怨自艾。持续悲观的反刍，容易让
自己陷在忧郁之中，所以这时候就要想办法让自己转念了。有一个很
有效的转念方式，是心理学家艾利斯（Ellis）认知疗法中的ABC模式。
A（Adversity）是指让你不愉快的事件；B（Belief）指我们第一时间很快
（也许只有几秒钟，就会本能反应出）地会对事件有一个解释、看法、
信念；C（Consequence）指我们对A事件形成B解释后，产生的相对应
的行为以及行为的后果。

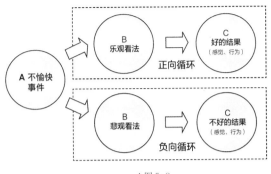

▲图 5-2

步骤一：记录自己的ABC模式

先盘点记录我们生活中常见的解释信念（念头）有哪些，是乐观还是悲观（参考前面那三个方面来判断）。盘点时，需要注意：

1. 在记录每天让你产生不愉快感觉的事件A时，要以客观的角度来描述事情发生的经过，而不是加入自己的判断，这样就变成B（念头）了。

2. 记录B（念头）时要注意，同一件事可能会产生好几种念头或看法，都要记下来。但要把看法和感觉区分出来，感觉和行为已经是C（结果）了。

3. 记录自己的感觉和行为C（结果）时，可参考下面两个情境的例子。

情境1：职场应对

A（不愉快事件）：老板把你叫到办公室，对方案的细节很不满，几乎快要破口大骂。

B（念头）：（1）老板又来了，每次事情不顺就找我们出气。

（2）他今天不知道怎么了，算了，专心把自己的事情做好就好，不理他。

（3）嗯，这几个地方没做好，好在老板提醒，下次要细心点，多注意细节。

C（结果）：（1）心情很糟（感觉），大吐苦水（行为）。

（2）虽然有点委屈（感觉），但不受太大影响，继续做事（行为）。

（3）感谢老板严厉要求，让我学到东西，且把事情办好（行为）。

情境 2：夫妻相处

A（不愉快事件）：和另一半吵架。

B（念头）：　　　（1）他今天怎么了？脾气这么差，先别惹他好了。

　　　　　　　　（2）他实在很难伺候，不管怎么做都不高兴，动不动就乱发脾气。

　　　　　　　　（3）每次都怪我，都不检讨自己，我很难让他满意。

C（结果）：　　　（1）觉得有点莫名其妙（感觉），但先小心回避，不继续刺激
对方（行为）。

　　　　　　　　（2）生气（感觉），想反击、据理力争（行为）。

　　　　　　　　（3）委屈、难过，觉得辛苦不被认同（感觉），掉眼泪（行为）。

步骤二：反驳与转念

针对自己的B（念头），提出反驳的提问。如同前面有关脚本的论述中提到的，我们对自己的很多想法和解释，其实不一定是真的，而是受到过往经验的影响。所以对于自己很自然产生的解释，都可以通过"反驳"来检验是不是真的如此。

反驳的第一个方式是问自己："证据在哪儿呢？""怎么证明这个想法是对的？""真的是这样吗？"让证据说话，而不是自己主观判断或被负面脚本所影响。

第二个方式则是看见可能性。同一件事情背后，可以有很多可能的原因，悲观的人容易找到对自己最具破坏性的解释（永久、广泛、内在因素），这时就需要问自己："还有什么可能呢？""应该还有很多可能性吧？"列出各种可能性（在心中默想也可以），同时记得，在过程中不断问自己是否还有哪些遗漏掉的可能性。把重点放在可以改变的原因上。列出来后，问自己三个问题：

1. *最糟的情形是怎么样的？*

2. *最好的情形是怎么样的？*

3. *最可能的情形是怎么样的？*

因为同时呈现出很多选择，也看到最好和最糟的情形，我们就能较

客观地挑出较接近的选项。重要的是，大脑已进行理性分析，就不那么容易陷在情绪中了。这就是很好的转念过程。

步骤三：肯定体悟

对于自己在前两个步骤所做的，用肯定、认同与感谢来做结尾。既然要创造正向的循环与对话，当完成前面两个步骤后，就可以把手轻放在胸口，闭上眼睛，在心里为整个过程下一个肯定、认同的结论，并跟自己说些鼓励的话。这是让我们从理性面进入感性面的方法，更能贴近自己内在的心情。

·自我成长练习·
——
写下自己的 ABC 记录

A（不愉快事件）：

B（念头）：

C（结果）：

反驳：

①

②

③

肯定：

第二节
从积极心理学谈快乐人生

在第一节已提到，如何让自己培养乐观看待事情的角度，现在我们要来谈的是关于快乐这件事。

我想每个人都多少知道或听朋友分享过一些让自己开心的方法，只是有些方法有效，有些不一定。心理学希望通过系统的研究，能更具体地告诉我们哪些是有用的方法。先看看一些关于"快乐"的研究能给我们的生活带来什么启发。以下是一些研究的结果：

1. 正向情绪有益于健康和长寿，快乐的人比较注意健康和安全。
2. 能真正开心微笑的人（发自内心、嘴角上扬的微笑）比常常勉强做出笑容的人，更容易拥有幸福婚姻。
3. 快乐的人比较能忍受痛苦，坚持度和忍受度较高。
4. 快乐的人比不快乐的人工作满意度高，生产力和收入也较高。
5. 快乐的人，往往独处时间较短，也花较多时间在人际互动上，较常参加团体活动，有较多好友。
6. 快乐的人比较慷慨，愿意分享，会有"利他行为"，更愿意捐钱给需要的人、多做好事，会把注意力放在需要帮助的人身上。

从上面的例子中，我们可以知道，快乐对我们的生活满意度是有很大贡献的。从积极心理学来看，快乐可分为两种，短暂的快乐——愉悦感和长期的快乐——满足感。

创造快乐时刻的"小确幸"

愉悦感有比较强的感官和情绪体验，一般是感官上（视、听、触、味、嗅觉）的刺激所引起的"原始感觉"，不需要思考的诠释，是很直接的反应，同时也是短暂的。譬如眼见美好的风景、嘴吃冰凉的芒果冰、在放松的氛围下被按摩（触觉）等，都是很愉悦的感受，可以带给我们短暂时光的快乐。这些是属于身体感官的愉悦。

除身体感官的愉悦，还有"高层次愉悦"，包含了身体的愉悦和一些认知的过程。高层次愉悦可以依强度分成高度愉悦（狂喜、兴奋、亢奋、销魂）、中度愉悦（活泼、开心、高兴、好玩）、低度愉悦（舒适、放松、有趣）等。

不管是身体的愉悦，还是高、中、低强度的高层次愉悦，都是短暂的快乐来源，类似于"小确幸"（生活中微小但确切的幸福）。像品尝到好吃的美食、久别重逢的好友聚会、美好午后的悠闲下午茶、假日睡到自然醒的满足、夜深人静时的音乐与阅读、怀中幼儿可爱的动作，都能带来不同强度的愉悦，也是属于每个人短暂快乐的小确幸。

因为这些短暂的愉悦依靠感官基础，所以在短暂的时间内刺激多了，感觉就会变弱。就像再好吃的美食，每天三餐连续吃，也会变成折磨。所以，对于这些可以让自己有小确幸愉悦的事物，要保持适量、有适当的时间间隔。不要变成一种固定的习惯，而是有变化的交错安排，甚至也可以为好友或家人制造意外的小确幸、小惊喜。譬如知道另一半喜欢吃焦糖布丁，偶尔一次买给他，或邀约好友一起去观赏他爱看的舞台剧。这些都可以创造自己或彼此的"小确幸"。

▲图5-3
偶尔准备的小惊喜，能带给彼此愉悦的感受

我通常会建议大家，列出自己专属的小确幸清单（5~20项），从能带来较大开心程度的项目开始列。当情绪低落想要转换心情时，就可以拿出清单来挑一件事去做。在挑选的过程中，你的心情就会慢慢转变。每当我在课程中让学员列出小确幸清单，并与小组同学讨论时，往往会听到此起彼落的笑声，可见只是讨论就已经是很开心的事情了。

至于该如何加强并放大我们生活中的"小确幸愉悦"，有以下几个诀窍可供参考：

1. 专心感受

既然这些愉悦感都是来自感官的基础，我们是否能有足够敏锐的五感去"品味"呢？专注在当下这一刻，去体会这些感觉，能让我们更纯然地停留。

2. 启动记忆链接（心锚）

将这些美好的体验，通过五感的"次感元强化"，让我们能在需要时，仿佛身临其境般再度经历。（详细方法请参阅第三章第二节关于心锚的建立。）

3. 彼此分享

心理学研究证实，拥有良好的人际互动，能够带来快乐。可以将我们愉悦的感受，分享给身边的家人或朋友，甚至与好友相约共享某些"小确幸愉悦"。有人分享的快乐，是加倍的快乐。

长期锻炼，发挥长处的"满足式快乐"

接下来，要看看长期满足带来的深层快乐。满足感通常来自全心全意投入一件事或努力后得到的成果。当我们全身心沉浸在其中时，因为相当专注，所以会没有时间和意识感，也没有情绪，而是处在一种心流的状态。"满足"需要技能和努力，还要面对挑战，所以也需要发挥自己的强项。譬如很用心地准备一周的资料，完成重要的项目报告；花了很多心思研究怎么把孩子教育好；准备了三个月到半年的自助旅行。这些不是感官的愉悦，却是会带来满足的快乐。感官的愉悦能带来短暂的小确幸快乐，而长期的努力，会带来更深层的满足式快乐。

该如何获得长久的满足式快乐呢？积极心理学家马汀·赛利格曼博士提供了一个参考架构：就是通过持续努力的锻炼，将自己的强项（优势特质）发挥到最大，让工作和生活表现更好，我们就会得到满足。也就是说，人生的满足，来自充分发挥自己的强项。

不同的理论会提到不同的特质，大家可以参考自己曾经接触过的相关资料来练习。譬如《发现我的天才》中提到 34 种主导特质，而在赛利格曼博士的研究中，共筛选出西方文化普遍适用的 24 个人格特质，这些长处特质与天赋才华不同，天赋更侧重于天生的特质，而长处可以通过持之以恒的锻炼来加强，当我们将自己的长处发挥出来，往往能得到不错的成就。

这 24 项长处，可以整体归类为 6 类美德（古今中外都推崇的德行与行为特质），这些美德与优势特质，都是当我们通过练习拥有后，能让生活变得更好的元素，分别是：

第一大类: 智慧与知识（对世界的理解与应对，有丰富而独特的见解与累积）	
特质 1. 好奇心 / 对世界感兴趣	主动想了解更多新鲜事、追求真相，对广泛或特定事物都感兴趣。
特质 2. 喜好学习	在缺乏外在诱因的情况下，还对很多领域感到有兴趣、愿意学习，喜欢阅读、参观博物馆、上课等。
特质 3. 客观思考 / 包容多元意见	能全面接受各种信息，筛选出利己也利人的决定。
特质 4. 原创力 / 创作力 / 街头智慧	对于想要的东西，能找到新方法和创意来完成，不满足于大家都会的方法。
特质 5. 情绪智慧 / 社会智慧	能有效了解他人背后动机、情绪与意图之间的差异，采取不同行动，因而有很好的社交技能；也能很细腻地觉察自己的感觉，并因此调整自己的行为。
特质 6. 观点见解	常常会有人来寻求你的经验和建议，希望得到解答。你的这些独特的想法、观点，对身边的人都是很有价值的。

第二大类: 勇气（在不利的情况下，还能为了达到理想目标而勇往直前）	
特质 7. 勇敢	将恐惧的情绪和自己会采取的行为分开，即使面对逆境、灾难、严厉挑战、危险，也能挺身而出，做自己想做且该做的事情。
特质 8. 毅力 / 勤勉	有始有终，做到自己承诺的，只有更多，不会更少。欣然完成自己承担的责任，但还保持弹性和务实。
特质 9. 真诚 / 诚实	真诚对待自己和他人，实在做事，脚踏实地。

第三大类: 人道关怀与爱（在人际互动中的正向展现、关心的联结）	
特质 10. 仁慈慷慨	热心助人、替人着想，把别人的事情当成自己的事情，甚至有时会忽略自己。
特质 11. 爱与被爱	能付出关爱，也能接受别人的关爱。

第四大类：正义（对自己在团队中扮演的角色与团体规则的期待）	
特质 12. 公民责任 / 团队精神	在团体中会把自己的本分做好，努力使团体成功，尊重团体与团体中的规则与权威。
特质 13. 公平和公正	不让私人情感影响自己的决定，给每个人同等机会，认为同样情况要有同等待遇。
特质 14. 领导能力	有效率，与员工关系良好，能如期完成目标。知道如何带领团队获得最高效益与成功。

第五大类：个人修养（恰当且适度地表现自己的想法、需求，避免对他人造成伤害）	
特质 15. 自我控制	对自己的情绪、需求、想法和冲动的克制力，无论什么情况都能控制。
特质 16. 谨慎小心	三思而后行，不做日后会后悔的事，细心。
特质 17. 谦虚	不爱出风头，不看重自己的成败，宁愿用成绩说话。

第六大类：超越的心灵（超越自己，将自己与更大、更永久的整体联结）	
特质 18. 欣赏美和卓越	欣赏所有美好、杰出、卓越的事物与成果，无论是自然的或人为的。
特质 19. 感恩	对身边任何好的人、好的行为与事物、好运、美好的存在而心怀感激。
特质 20. 希望 / 乐观 / 憧憬未来	展望未来，相信好的事情会发生，对未来抱持乐观期望。
特质 21. 灵性 / 信仰 / 使命的	对宇宙和人生的存在是有信仰的，知道自己的生命价值与意义。
特质 22. 宽恕和慈悲	愿意原谅曾经对不起自己的人，包容而悲天悯人。
特质 23. 活泼和幽默	喜欢欢乐、有趣，让自己笑，也带给别人笑容，看到事情的光明面。
特质 24. 热忱和热情	全心投入工作，容易被激励，也能带动他人的热情。

上述这些特质，读者们可以从美国宾夕法尼亚大学积极心理学中心的官网上，进行免费的心理测验。这个测试题目虽多，却是很专业的心理测验，可以从中了解自己的优势特质。当你做完之后，会列出这些特质的排序，有些是动态的，有些是较静态的，重点在于找到并发挥自己的长处。

● 自我成长练习 ●

——
锻炼你的优势特质

做完测验后，看看你的前五项特质是哪些。问一问自己，这是不是最符合你现况的强项特质（一次一个）。针对每一项特质，制订一个可衡量、可执行的锻炼计划。

然后，在自己每天和每周的行程中，排出时间来练习这些强项，不管是在公司、在学校，还是在家里，让自己常常有机会去练习发挥这几项特质，甚至创造出以前没用过的方式来锻炼。

譬如，如果你的强项是对美的欣赏，你可以让自己多去欣赏艺术作品、购买有设计感的家具、换一条风景美的上班路线、增加一些办公桌摆饰等；如果你的强项是感恩，你也许可以找出更多表达感激的方法，以及表达感激的对象。

总之，找出更多在生活和工作上发挥自己强项的方法，常常去使用，你会发现自己越来越乐在其中。

○ 写下你的前五项优势特质及锻炼计划

示例 | 特质：对美的欣赏 /【锻炼计划】每个月去一趟美术馆、看
　　　　一场舞台剧

特质 1:　　　　　　　　/【锻炼计划】

特质 2:　　　　　　　　/【锻炼计划】

特质 3:　　　　　　　　/【锻炼计划】

特质 4:　　　　　　　　/【锻炼计划】

特质 5:　　　　　　　　/【锻炼计划】

第三节

打造幸福力的时间线

　　这节将积极心理学的 PERMA 模式与神经语言学中的时间线练习整合，让你能整理、盘点自己幸福五支柱的现况，再尝试通过时间线，从过去找到力量，从未来看到希望，在当下不断努力。

打造幸福人生的五根支柱

　　说完了"快乐"，那"幸福"又是什么呢？幸福是很抽象的概念和感觉，各种媒体、广告、网络、杂志等，都不约而同在传递"幸福"这件事情。

　　每个人对自己幸福的感受，肯定都有不同的来源。

　　积极心理学分别从五个影响维度来探讨幸福。下图是幸福五支柱的PERMA图（P：积极情绪 positive emotions；E：全身心投入 engagement；R：积极人际关系 positive relationships；M：意义 meaning；A：成就 achievements），我们将从积极情绪、全身心投入、积极人际关系、意义和成就这五个支柱来诠释幸福。其中积极情绪跟前面提到的快乐是同一件事，就是短暂快乐的小确幸愉悦；全身心投入则是专注忘我的一种融入境界，需要运用我们的强项和天赋，如同前面的24个优势特质所说，当我们能找到自己最擅长的特质，并每天运用在工作和生活中，我们就可以很容易处在这种全神贯注的状态，体验到较长时间的满足式快乐。

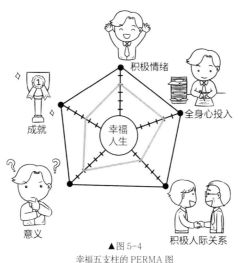

▲图 5-4
幸福五支柱的 PERMA 图

　　积极情绪和我们长期快乐的程度高低，受到三个因素的影响，一个是遗传（约占 50%），一个是外在环境（10%），一个是个人有计划地安排活动（40%）。基因遗传会决定快乐的范围涵跨广度，就像温度计一样，有的人天生温度范围会高一些，有的人温度范围会低一些。就像有的人天生热情活泼、情感丰富；有的人天生就比较冷静、理性内敛。

　　当然，热情有时会让我们过于乐观，忽略潜在的风险，造成损失。而忧愁的人虽然比较容易感伤，但比较实际，比较谨慎，处于备战状态。无论阈值高或低，只要找到适合自己的生活与工作方式，就可以过得很好。而好消息是，除了基因，另外的 50% 是我们可以去改变的。这也是为什么积极心理学会致力于心理卫生推广与心理疾病预防，着重在帮助人们拥有快活人生、美好人生和有意义的人生。

　　当我们开始思考"意义"这件事时，就会反思："这辈子活在这世上，究竟是为了什么？"生命的意义是每个哲学家、心理学家总是会花很多心思来探讨的问题。而我们每个人从小到大，也总会在某个时刻这样问自己。也许会有个暂时的答案，也许一直没有固定答案。而很有趣的是，当一个人忙碌于求生存、求发展时，大概都不会想到要去找寻"意义"。可是当我们一旦事业有成，有了闲暇；或是遇到挫折，开始彷徨；或是面对生命中重大的变化、打击时，我们很容易就会开始思考，究竟为什么存在于这世上，以及我们到底要留下些什么。

"意义"相对来说是比较主观的，同一件事对每个人都可以有不同的意义。而对于"遇见幸福"这件事，"意义"可以代表一种我们对自己的归属感与存在的价值，可以小到我们为了让家人开心生活而努力，可以是为了自己的梦想而追寻，也可以超越个人范畴，扩大到群族认同、大我的实现等。无论哪一个层面的意义，重要的是我们在人生旅途中，需要花时间来确认。

你想过什么对你是重要的吗？工作、家人、休闲、健康、亲密关系、梦想、稳定……哪些是你最在意的？而这些对你重要的，目前在生活中的比重又是如何呢？

我从自己和很多人身上的经验看到，"意义"像是影响我们生命定位的终极目标，会将我们带到不同的终点。你在意的，就会影响你。弄清楚这辈子自己在意的是什么，可以让我们在人生这个航程中掌握方向，不至于迷航。而幸福，就是当我们在努力航行的过程中，知道自己还在轨道上的满足与安全感。

"积极人际关系"则是幸福很重要的基础。就像前面提到的，最快乐的人，往往会花较多时间在人际互动上，也比较慷慨、愿意分享和利他。他人是我们生命低潮最好的解药。他人的陪伴，让我们不孤单。而通过行善帮助他人，更是在短暂时间内增加幸福感的最有效方法。在先前的章节中我提过很多可以建立良好人际关系的方法，都可以在生活中多找时间练习，相信能对建立积极的人际关系大有帮助。

"成就"这个因素，代表的是有成就的生活。不可避免的，人们多少还是会期待自己有基本的成就。有许多人在积极朝着有所成就而努力，对他们来说，在生命中的许多时刻，幸福就是不断追求成就。通常在追求成就的过程中，也会伴随着"全身心投入"的忘我、获得成功的"积极情绪"等。这里要注意的，就是平衡。因为成就毕竟只是五个影响幸福的要素之一，所以在追求成就之余，还是要时时提醒自己，还有另外四个很重要的因素也要照顾到才好。

当然，每个人都有自己的偏好，所以根据上面的PERMA雷达图，你可以画出自己现在大致的形状作为参考。没有绝对标准的答案，重点是你有据此而思考检视自己的现况。就像之前提到的，"觉察"自己的现况，我们才能不断进步与改善。

建构自己的"幸福 & 快乐时间线"

当我们知道幸福的五个支柱后，可以怎么运用到生活中呢？我将神经语言学中的"时间线"概念（过去、现在、未来三种时态）与幸福的PERMA五支柱结合，看看我们能怎么做。你可以想象，在你眼中有一条线，线上有三个点，分别代表过去、现在、未来。

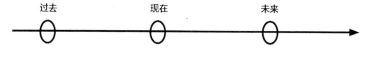

▲图 5-5
过去的种种累积成现在的我们；现在所做、所选择的，会创造出我们的未来

你可以想象自己站在过去、现在、未来这三个位置，每个位置都可以用幸福PERMA图来检视，看看自己处在什么状况。对过去、现在、未来的检视可以让我们内心产生一个时间上的流动感，可以知道现在处于什么状态，也能知道下一步该怎么走。

譬如从"积极情绪"的角度来看，过去的积极情绪可以是满足、感激、感恩、自豪、平静，现在的积极情绪包含欢乐、狂欢、喜悦、愉快，未来的积极情绪有信心、希望、信任、乐观。

那对于过去呢？我们如何看待"过去"，会影响我们的心情，也会影响我们的快乐与幸福。当我们回顾过去时，你会浮现哪些情绪（心情呢）？也许是五味杂陈，有开心的、有悔恨的、有心满意足的、有自傲的，也可能有怨恨、愤怒、哀伤的。这些情绪都源自过往我们的经历，以及我们怎么看待这些经历（认知的ABC模式）。

首先，我们可从过去找力量。轻轻闭上眼睛，回想过去的生命历程，找到过去的成功、开心、愉快的经验，让自己身临其境，重新经历这些过程，仿佛能看到身边有哪些人、说了哪些话、做了哪些动作，很精细地感觉一下自己的身体有哪些反应是因为回想到这些历程而跑出来的。让这些事情轮流在心中浮现，当这些很有力量的感觉已经很饱满时，将手掌轻放在自己的胸口，把这些感觉记住。

接着，对过去这些历程中，发生在我们身边的好的事情，有没有哪些人或事是我们想感谢的？回想一下想感谢的人，也许有些人现在还有联系，也许有些人现在已经不在你的生活中，都没有关系。当这些人都浮现出来之后，一次一位，在你的心中，将你的感谢告诉他们。慢慢来，给自己足够的时间。

当把对每个人要说的话都说完了，轻轻地对这些曾经帮助我们的人，在心中道谢与道别，谢谢他们陪伴我们一程，并且让他们知道，接下来的路，你会带着这些祝福往下走。

然后，你再默想自己走到未来的那个时间点（也可以真的走），眼睛还是闭上，想着自己未来要进行的事情（也许是三个月之后的目标），然后把这些祝福带着，感觉这些祝福给你支持的力量，让你可以完成目标。

当这一切完成了，可以轻轻睁开眼睛，感受一下刚刚的过程，然后把体会写下来。这是我们从过去找力量的方法，是专属于我们的"幸福&快乐的时间线"，其中充满过去正向、感激与支持的能量。

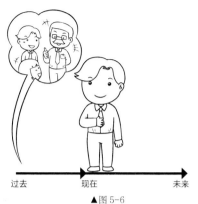

▲图 5-6

回顾过去成功、开心、愉快的经验，从中获得力量

▲图：5-7

感谢那些曾经帮助我们的人，带着祝福与力量，走向未来

　　练习之后，我们可以在每天三个时段（中午、傍晚、睡前）问自己，今天有哪三件让自己感激（感恩）的好事情，把这些事情写下来。然后闭上眼睛，在心底默默感谢。也是用手掌轻放胸口。把现在的正向、感激、支持的能量加进来，久而久之，我们就不断地在锻炼与累积这条"幸福&快乐时间线"，让我们能习惯看到好的事情、善用感激的力量，如此将有更多力量与勇气，面对生命的挑战。

　　那若是过去有不愉快的经验呢？当一个人在沮丧忧愁之中，很容易会陷在过去不愉快的回忆里、对未来感到悲观、对现在自己的能力感到怀疑。童年的事情虽然有可能会影响，但我们可以在人生过程中去改变它，通过现在比较成熟、比较自信、比较有资源的自己，用新的角度重新去解读、重新述说、重写生命剧本等方式来进行清理，这些稍后在第四节的叙事治疗中会提到。

第四节

从故事中得到疗愈：
叙事、隐喻与自由书写

叙事治疗是从自己和彼此的生命故事中得到礼物。自由书写，让心中潜在的念头与故事浮现出来，再通过述说而成为力量。善用隐喻，能为自己和周围的人带来力量。

我们都生活在故事里，故事组成我们的世界

如果有人问你："你有多了解身边的人，有多了解你的同事，你的父母，你的亲密伴侣，你的小孩，你的好友，你的邻居？"

你的回答会是什么呢？

"嗯，应该还可以啦，有的人我很了解，有的人我不太熟，有的人我以为了解，可是其实又不了解。"

如果再问："那你有多了解自己呢？"你又会怎么回答？

"嗯，应该还算了解。""我很清楚自己！""有时候了解，有时候不了解。"

我想，了解自己和他人有很多方式，其中一个，是从说故事、听故事、写故事开始。

在职场上，我们会听到不同的故事。公司里不合理事件的故事，各种八卦故事，老板的创业故事，公司的品牌故事，等等。

在生活中，也有很多故事。小孩放学回来，很喜欢找妈妈或爸爸说今天学校发生了什么故事；爷爷奶奶常常会说他们以前"家里的故事"；

闺中密友喜欢说的恋爱故事；新闻里报道"社会故事"（各种社会事件）；也有你的热心公益故事、你的生命意义故事。

叙事治疗谈的就是故事。我们从出生来到这个世界上，就活在一个由"故事"组成的世界里。每个留在我们记忆中的事件，都会组成一个故事，而各个故事经过语言或文字传递，就会组成我们现在生活的世界。对每个正在说故事的人来说，故事真实地存在着，但是关键在于，即使是最复杂的"自传"描述，没有被收纳的故事一定比被纳进来的多很多。所以，真实的世界一定比我们的故事还大，可是对于我们心中看待的世界来说，故事就是我们的全部。譬如有个成功创业家，分享他如何取得成功，他的故事说得很详细，那是他认为的成功过程，可是实际上，一定还有不少细节是他没注意到却也很关键的。又比如不小心摔倒，脚骨折了；没过多久，又摔倒、骨折。这件事，你怎么解释、怎么为故事命名，就变成了你的故事主题。如果你觉得"我很粗心"，或"我很倒霉"，或"我虽然遇到麻烦，但还好不严重"，不同的解释，会为你的故事创造出不同剧本。

当我们了解，其实我们的世界由各种故事组成，而且这些故事都是我们自己在发生故事的当下，决定哪些会被记住、成为故事里的内容，哪些又会忘记、消失在故事之外。所以我们就能检视这些故事，通过这些身边发生的故事，来更深入地了解自己，也了解身边的人。

而如果遇到别人或自己的故事本身是有害、不快乐的，或干扰生活与工作的，我们就可以练习从没有被纳进来的事件中，去找到不同的事件和故事，来改写成新的故事。这样就能帮助我们的生活和工作有很好的发展和效率，也能创造好的"故事结果"。所以叙述治疗是帮助我们重新说故事、重新生活的一种哲学观和心理治疗学派。

知道这些后，我们该怎么做呢？首先，就是先来看看自己的故事。

自由书写，写出你的生命故事

你会怎么说你的故事呢？小时候的故事？读书时候的故事？谈恋爱的故事？第一份工作的故事？有关你自己最重要的故事，就是你对自己说的故事。

很多时候，我们会被脑中太多的思绪给搅乱，无法静下心来，在这样的情况下，让自己练习自由书写是很不错的方式。不要用思考和理性过滤文字，而是自然写下心中所想，往往就会接触到自己内心最真实的声音。

首先找一个不被打扰的时间和空间，让自己感到很轻松、自在、舒服。然后开始自由书写，就是很直接地不停笔地写（电脑打字也可以）。不管想到什么，都先写下来。不批判、不过滤分析，就是不停地写。

一开始第一轮，每个主题可以设定至少先写3分钟或5分钟。时间不到不能停。若某个主题写得很顺，便可以顺着那个感觉继续写，停下来后再换另一个主题。

▲图 5-8

找一个舒适的空间，轻松、自在地进行书写

书写的方式

○ 开头式写法

　　每一部分都是从一句开头的引子开始，当作是切入点，有一些例子可供参考：

　　1. 我小时候……

　　2. 我读书的时候……

　　3. 我曾经有的梦想（渴望）是……

　　4. 我的家庭……

　　5. 我现在的工作……

　　6. 我想要……

　　7. 我感觉……

　　8. 如果可以，我希望……

　　9. 我很开心，因为……

　　10. 我很累，因为……

　　11. 我想放弃，因为……

　　12. 我想坚持，因为……

　　开头可以用很多句子，如果你要写，你想用什么句子开头？你也可以这样问自己，把答案写下来，再用你写的开头往下发展。

○ 主题式写法

　　从不同的主题来看自己的生命故事：工作、家庭、快乐、人际关系、健康、梦想、生命意义等。这也是通过自由书写的方

式，来帮助我们厘清自己的故事。同时，你也可以设定自己想
要发展的主题。

1. 关于工作

让我有成就感的是……

让我疲惫的是……

让我想改变的是……

工作对我的意义是……

除了薪水之外，我还会继续这份工作的原因是……

2. 关于家庭

我的家庭故事是……

家庭对我的意义是……

我每天或每个月陪家人……

我和父母的相处……

我和兄弟姐妹……

我喜欢与配偶的关系……

我和儿女相处的故事是……

3. 关于快乐

过去这个月，我开心的是……

最近我的感觉是……

我的快乐故事有……

因为我……所以身边的人很开心

未来我会开心，因为……

4. 关于人际

我和朋友常常……

我的朋友常说我……

对于朋友，我总是……

提到友谊，我会想到……

小时候，我和朋友……

5. 关于健康

健康对我来说是……

我的健康状况是……

我善待自己健康的方式是……

如果有一天我的健康亮起红灯，可能会是……

如果有一天我离开了，我的家人会……

如果我可以多照顾自己的健康，会是……

6. 关于梦想

我曾经有的渴望是……

小时候我梦想能……

如果这辈子我可以……

如果有魔法，我希望能……

当我做……事情时，我的眼睛是发亮有光的……

我的热情在……

7. 关于生命意义

我这一生，最重要的是……

如果我离开了，我希望别人说我是……

当我想到我做到了……我就无憾了

○ Free Style 式写法

不设限，针对自己的故事，想到什么就写什么。这是比较进阶的练习，当前面两种都练习过了，对于自由书写比较上手了，就可以即兴发挥了，享受畅所欲言的快感。

通过自由书写，我们能更贴近自己的内心。当我们能听到自己内在的声音时，心中往往会有一些回响和触动，能勾起我们内心的感动。这时候可要好好去咀嚼，看看那些触动我们的到底是什么。

觉察盘点与改写生命故事剧本

当我们通过自由书写，收集了很多自己的生命故事之后，可以像编剧或导演一样，试着给自己的故事命名。

然后，边看着这些故事，眼睛微闭，边感觉一下，这些故事中，有哪些是自己很喜欢的？有哪些是自己希望能继续的？又有哪些地方稍微卡住了？我们期望的生活和真正实践出来的生活一致吗？有没有什么地方，可以经过改写变得不一样？会更符合我们想要的生命故事吗？有几个方法，对于发展与改写我们的故事很有帮助。

1. 找出让自己卡住的错误假设

我们对自己的生活，很容易会有一些错误的假设。这些假设或想法没有对错，但是要衡量它们对我们的工作和生活满意度是否会有影响，以及就长期来说，怎样的生活是比较均衡的。举例如下：

范围	错误假设	实际情况	改写对话（扩展自己的可能性）
工作	如果我准时下班，工作就做不完，表现就不好，绩效也会不好。	如果自己不争取，很难有人会替你想那么多。	只要我表现很好，我就可以争取自己想要的下班时间。
家庭	我每天努力赚钱是为了让家人过幸福的生活，他们应该会体谅我。	在我成长过程中，爸妈没有陪伴我，我自然跟他们不亲近，叛逆也正常。	我该如何兼顾呢？我可以有能力兼顾好工作和家庭，我可以为此努力。
快乐	1. 当我赚到足够的钱，我就会快乐了。 2. 等我……我就会快乐了。	有很多的钱，与我们的人际关系和生活幸福感，是两回事。	我可以在还没有很多钱的时候，就让自己很快乐。快乐和财富之间不是等号，重要的是我怎么看待钱。
人际关系	即使我不说明白，他也应该会懂。	你如果不说出来，没有人能知道你真正的想法。	我可以大方、诚恳地说出自己的想法，让别人听到我的声音。
健康	1. 我没有时间照顾自己的健康。 2. 我的身体应该还可以，没那么糟。	1. 如果不看重健康，当然不会有时间锻炼。 2. 要等到什么时候才叫糟呢？	1. 我可以给自己安排运动时间，而且真的去做。 2. 我会正视"体重过重"这件事。

我们可以从各种层面来看自己写出来的故事，然后再检视其中有没有一些错误的假设，或是非理性的信念。

2. 将卡住的问题外化

困扰我们的是问题本身，不是我们自己。譬如有人说："我的压力好大、好烦，好多事情压得我喘不过气。"可以问他（或问自己）："这样的压力，具体是什么样子？如果它有一个形状，会像什么样子，会给你什么感觉？它什么时候会出现？"把问题外化，可以让我们知道，我们可以有力量与压力分开，而不是一直陷在其中。

隐喻故事带来潜在的力量

很多人都喜欢听故事，在故事中，我们可以有很多想象力，在故事中，我们也容易因为里面隐含的象征或寓意，而让自己的观念转变。当我们写自己的故事时，可以练习用隐喻来看待自己的故事。故事中的隐喻，可以带来潜在的力量。

譬如有人可能会写："我好像是苦海女神龙，虽然成长过程好像历尽沧桑，但我都可以见招拆招，克服一切挑战。我知道我未来的日子，会用这些我学会的力量，让苦海变成喜乐的海。我会在里面优游自在。"

"我像是一头笨重的水牛，每天拖着一大家子的担子，但我会用我踏实的步伐，一步一个脚印，把这片田耕耘得很好，每天看着家人，看到他们满足的笑容，这就是我最开心的事。"

找到自己故事的象征隐喻，写成一个能带给自己力量的故事，你就会有很不同的感受。

第五节

专注在"你现在在做什么"的
现实治疗学派

现实学派专注于"当下你正在做什么对自己是有帮助的"。对很多沉浸在情绪中的人来说,有时候回到现实行为层面,真正开始去做点什么,反而是会有帮助的。

大部分人的困扰,只是一时的适应困难

在我们的生活中,常常会有一些朋友、家人或同事,明知道理性处理事情就能妥善解决问题,但还是很容易陷入情绪之中;明知道下一步该做什么,却始终无法展开行动,一拖再拖。也有很多人有着丰富的想象力,却缺乏具体执行和落实的能力;很多人时常抱怨同事,抱怨公司,抱怨家人,抱怨身边的一切。

当然,真实世界里肯定有很多原因干扰着我们的效率和表现,也会干扰我们的心情。如何和这些干扰共处,不受影响,专注于达成自己的目标、专注在当下自己能把握的部分?现实治疗学派的一些理念与方法就是相当好用的工具。

如同现实治疗学派的创始人威廉·葛拉塞(William Glasser)所说:"大部分人所遇到的困扰,并非心理疾病,只是一时的适应困难,通过现实治疗技术,能解决大部分的问题。"

接下来介绍的这些步骤和问题,都可以用来帮助和询问你所关心的人,也可以拿来询问自己。

步骤一：先做他的朋友

在心理咨询中，建立彼此信任、温暖与支持的互动关系，成为对方的朋友，是最重要的一件事。没有人愿意被指责、被教导，只愿意被陪伴、被支持。若彼此能有像朋友般的信任基础，在此过程中，当你需要挑战对方，协助他们突破困境时，才有可能被对方接受，后续的改变也才有可能发生。

和当事人做朋友，是一种温暖的陪伴。如果你曾经失恋过，或经历过沮丧与挫折，你一定能体会，在当时若有一位支持你的好友或家人，听你诉说心情、陪你哭、为你心疼、为你打气，是多么温暖的一件事。

需要提醒的是，当一个人的心情没有得到适当的抒发时，旁边的人付出再多的关心，他都是听不进去的。当然，陪伴并不是无限制地让对方停留在抱怨与自怜自艾的状态，而是要呼应对方的心情。若对方的心情得到抒发，也感受到你的陪伴，接着就可以理性地探讨一些细节。

▲图 5-9
"用生命影响生命"，与对方建立彼此信任、支持的互动关系

步骤二：专注在当事人的日常活动（或工作流程）中

问他们：现在都做了些什么？到目前为止，都采取了哪些行动？

这样可以协助当事人把注意力拉回行为层面，变成一种进行式的动态感，专注于采取行动、解决问题。同时也要先了解当事人的现况，他期望的情景究竟是什么？最好的期待是什么？在哪些地方会被困住？之前有哪些成功经验？之前做过哪些事是有帮助的？

在这里有个重点是，改变行为比改变感觉容易些，而所有的行为，都是当事人可以控制的，他可以选择在什么时候，该怎么去做。这一切都是当事人的自由意志可以选择的。

现实治疗学派会专注在"现在的行为"，不问感觉（除非那个感觉强烈到会干扰现在的行为），协助当事人认真面对自己所选择的生活（工作）方式，所有的一切决定或选择，都是自己做的，所以得由自己来负责。

步骤三：让当事人检视"现在所做的事，对自己是否有帮助"

要注意这部分的语气并不是要指责当事人，而是通过问出善意的、恰当的问题，让对方自己回答出关键点。

很多时候因为觉得工作或生活遇到阻碍，我们会陷入自己的感觉中，鞭打自己、指责自己、感到愧疚，因而觉得很难受、很沮丧、很无力。在这种时候，与其停留在感受中太久，不如将注意力放在"行为"上。

问当事人："现在你在做的，对你（完成目标）有帮助吗？"或"刚刚你说了那么多，对于现况改变有帮助吗？"当对方在思考时，可以接着问："那可以做些什么让现况不一样呢？"这样的问句，能让当事人真正静下来想。

我们还可以听自己的心声（跟自己对话），也可以向朋友倾诉，但一段时间后就要开始将注意力转换到我们在做的事情上。与其抱怨心情不好，不如去看"现在能做什么让心情好一点"。这样会把责任拉回到自己身上，通过行动来改变。

步骤四：订立一个可以执行得更好的行动计划，并承诺执行

既然要以行动来带动整个人充分发挥力量，势必得订出具体的可以有效执行、评估和改进修正的行动计划。现实治疗学派认为，不管行动计划最初是谁制订的，只要经过充分讨论、当事人也愿意去执行这个他相信会对自己有帮助的方案，那就是好方案。

制订计划要注意什么呢？在我平常为企业进行员工培训的课程中，我发现不少人对于该怎么定目标、定计划，还是很模糊。我会利用下列两个方法来帮助当事人设定目标。这两个方法可以分别用HARD和SMART来涵盖。

HARD目标制订方法：

HARD	内容
Heartfelt（内心渴望）	找到内心真正要完成的这个目标，以及它对自己的意义
Animated（生动描绘）	让自己的脑海中浮现完成之后的生动画面，以及其中的感觉
Required（急迫感）	让自己随时可以被提醒，把大目标变成小目标来执行
Difficult（挑战）	要有合理但是高难度的挑战

Heartfelt（内心渴望）

找到这件事情（目标）对自己内心深处的真正意义。有的人在用理性意识思考时的答案或目标，跟他内心潜意识深处的目标，其实是不同的。所以若是无法真正静下来，聆听内在和潜意识的声音，就会发生明明制订了目标，但内心动力还是不足、还是容易矛盾的情形，自然不容易达成目标。

Animated（生动描绘）

让自己在脑海中浮现出画面，这会运用到次感元的技巧。简单而言，就是让自己身临其境般，看到、听到、闻到那些场景，包括具体的对话与互动。通过练习，我们会越来越熟悉该如何在脑中生动地描绘。

Required（急迫感）

一般人很容易会有拖延的借口，所以让自己启动"非赶快完成不可"的急迫感是相当重要的，注意要让目标随时可以看见（记事本、绩效统计表、便利贴等）、勇于和人分享（找到组织内或组织外可以支持你的资源）、将大目标化为小目标。这样就会有马上可完成的感觉。

Difficult（挑战）

其实人在潜意识里都希望借由完成挑战来证明自己，所以在设定目标时，要让自己制订合理的但会有一定挑战的目标，这样在实践的过程中，才会有痛快的激励感。

SMART	注意重点
Specific （明确的）	务必列出清楚的计划内容，不要只是在脑中想
Measurable （可衡量的）	最好能用具体数字，譬如达到 20% 增长、创造多少月营收、体重要维持在什么范围，都要用数字来清楚定义目标
Aggressive （有挑战性的）	不要只是玩安全的游戏，而要有能让内心振奋的难度
Realistic （合理的）	除了自己评估，也可找身边你信得过且经验足够的人帮你一起评估，看看这样是否合理
Time bound （有时限的）	时间一定要确定出来，才能具体地检核进度

SMART也是很经典的目标衡量方法，但我发现很多人不一定能熟练运用。就像之前提到，人们的行为模式是由想法、感觉、行动而来，互相影响。很失意的人，有一部分的难过可能来自行为上"没有达成预定目标"，一部分来自对自己的想法很负面（我糟透了、没有人像我一样失败），一部分来自"感觉"（失落、难过）。在本书的不同章节中，相信大家会找到关于这几部分的一些有效做法。

我们要帮助当事人看到，只要现在开始一点不一样的行动，结果就会慢慢改变。让当事人敢于承诺"会全力以赴地行动"，承诺会带来对自己以外，也要对别人负责的深层含义，产生一个新的联结。请记得，持续的行动会带来力量！

步骤五：持续改进，不需借口，不用惩罚，决不放弃

在完成目标的过程中，要记得我们"不是为了别人，而是为了自己"。所以不需要有借口，也不需要惩罚自己或被人惩罚。对于过程中的得失，就抱持乐观态度，再慢慢修正。相信只要能专注于行动，不断问自己：我（你）正在做些什么呢？还能做什么有助于改善？有什么是现在可以做的？下一步的行动是什么？持之以恒，就能有所改变。

● 自我成长练习 ●

—

现实学派问句参考

1. 到目前为止，都采取了哪些行动？

2. 到目前为止，都做了些什么？

3. 现在你在做的，对你自己（完成目标）有帮助吗？

4. 刚刚你说了那么多，对于现况改变有帮助吗？

5. 可以做些什么让现况不一样呢？

6. 下一步的行动和计划是什么？

7. 具体还有什么可以做的？

8. 有多少把握能做到呢？从 1~10 打个分数。

9. 还有什么有助于改善呢？

第六节
从"你想要的未来"找到解决之道

在我们平常生活和工作中，会遇到很多问题。通常我们都会试着努力了解问题背后的原因是什么，然后想出解决办法。这是我们一般人在物理世界中，很自然的反应。譬如说家里排水管突然塞住了，一定会想办法找出原因，是该换管子还是该把水管通一通？通常找出原因，大概就可以解决。

只是，在人的世界里，找出造成问题的原因并不一定就能解决问题。譬如明知道要准时上班，但还是会迟到。即使知道是因为个人习惯，有的人也没办法像换水管一样，马上就能改掉，还是得去想该用什么方法才能改掉习惯，至于会养成这个习惯的原因，就不一定需要第一时间找出来。

学生逃学、离家出走，努力了解分析后，发现跟他幼时家庭不和有关，可是知道原因跟家庭有关，还是没有办法立刻解决，还得再想另外的解决办法。

所以，对于人身上的问题，有时候即使知道原因，也不一定能有效解决。反而不如先聚焦于如何解决问题，在解决问题的过程中，自然会探讨到引起的原因。换句话说，找到原因只是过程，重要的是解决问题。如果不需要知道原因就能解决问题，那就不用一直探究原因。譬如要改变迟到的习惯，只要能找出解决的方法，至于当初为什么会养成迟到的习惯，其实没那么重要。

你想要什么样的未来，会带来行动的动力

在这一节要介绍的是焦点解决取向学派的内涵与运用。这个学派的发展过程，是因为一群心理咨询师发现，如果和当事人在讨论问题时，能多花一点时间专注和放大讨论他想要什么样的未来，并且开始行动，便能让生活发生改变，这会比一直专注于找出造成问题的原因更有效。虽然不一定了解原因，但如果能找到"解决的方法"，往往就能有显著

的改变。在探讨未来怎么做可以更好、可以达到想要的目标时，可以通过询问相关问题，引导当事人自己找出解决方法。

早期传统心理学治疗通常要花费很多时间和费用做精神分析，不断从过去来分析、探究、挖掘造成现在问题的原因。当时代演变，大家开始需要一种比较短期的、能马上看到成效的做法，于是，焦点解决取向就被发展出来，用另外一种看问题的角度，把注意力放在"如何解决"上，而不是探究"为什么"。

焦点解决学派相信每个人自己都拥有足够的资源，可以找出最好的方法，来实现与完成（解决）自己对未来期待的蓝图。所以在运用焦点解决的过程中，会将注意力放在：你希望生活中发生什么？什么是你要的？当达到了目标，那会是怎样的情景？然后再找到达成目标的策略。他所强调的重点是：当事人做对了什么？什么是有帮助的？过去有哪些是行得通的？有哪些是很不错的？

焦点解决的观念和方法

1. 原因和结果有时很难认定

很多时候，事情的原因很难认定清楚。譬如下面一些常见情况：单位绩效不好，是因为主管不善管理，导致团队分工与执行不力，还是因为员工能力不佳，导致主管难以发挥？是因为公司文化不良，造成员工散漫不求表现，还是因为员工素质差，使得士气难以提振？

夫妻关系不好，是因为老婆常挑剔，还是因为老公常忽略老婆，所以导致老婆挑剔？

在这些例子中，因果关系很难被认定出来。与其找出原因，不如将重心放在"可以做什么能让问题不再继续"。这一点和前一篇的现实治疗是相似的。

2. 问题背后有时隐藏了正向期待

很多时候我们只看到问题的表面现象，却忽略了背后更深层的意涵。

小孩打架滋事，有时是因为只有这样，离婚的父母才会同时出现，孩子期待父母有机会复合——**如何让孩子学习用更好的方法来取代原本的方式？**

老公加班很晚回家，老婆给脸色看，有时是因为老婆期待得到更多陪伴，却没有正向沟通，而是以发脾气当情绪出口——**该怎么在先生加班回来时，让他感受到对他的支持，且表达自己需要陪伴的需求？**

以上问题本身不是问题，而是回应的解决方法不适合。所以需要发展出一系列适当的解决方法。譬如问："你希望（之后或未来）怎么改变呢？"将注意力拉回到正向解决和未来期待，可以带来前进的动力。

3. 每个人都是自己问题的专家，从正向角度出发

焦点解决学派相信每个人都有足够资源改变现状，而改变会发生在一个人自我价值较高的时候。所以会强调要看见当事人的优点和可能性，找出成功经验来支持改变，而不是去看当事人的局限或挫折。

如果不断被挑剔，那就只会让关系更紧绷，让你要沟通的对象开始退缩或抗拒，不会帮助结果改善。所以要从曾经的成功经验中，找出拥有强烈改变动机的原因。我们对问题的态度应该是：出了问题，是好事，正是改变的开始。因为我们开始正视问题，才有可能化危机为转机。

譬如，如果父母一直嫌弃孩子哪里做得不好、百般要求与挑剔，孩子的脑海就会不断被灌输和暗示：自己怎么那么糟？什么都做不好，又不爱干净、东西又乱丢、不负责任。人的大脑就像电脑的内存，如果不断被植入这样的程序，长久累积下来，较胆怯内向的孩子，就会变得消极退缩，而叛逆外向的孩子，就会开始反抗、攻击，寻求保护自己的主权。

组织中也是一样，遇到挑剔批判的内部文化，员工要不就默默忍受、不求有功只求无过，要不就意见很多、防卫攻击，最后以离职收场。

所以，当我们面对问题时，要先从建立"有问题是一个改变的机会"这样的心态开始。

4. 凡事都有例外，转机就在例外中

一般来说，在我们的经验中，总是能找到例外的情况。当事情遇到困难，找到什么时候会有例外发生的情境，就很重要。譬如爱迟到的人，有没有什么时候是不迟到的？总会有不迟到的日子，深入讨论那些不迟到的时候，都发生了什么让他可以不迟到。既然他可以有时候不迟到，那就表示这是他可以选择和改变的。

没出现问题的时候，一定是因为有一些好的行为或动机，才会产生好结果。把没发生问题（例外情境）时的原因找到，就可以加强并增加例外发生的次数，并且逐步改变。对有些人来说，要突然开始很大的改变，可能会产生不安全感或觉得有风险，所以可以渐进式改变，让改变循序渐进地发生。

5. 找出有效行为，继续多做

聚焦在"你想要什么"，而非"你不要什么""你讨厌什么"。抱怨只会让人停留在挫折和无奈中，消耗彼此的能量。知道想要什么之后，找出已经做过的有效行为，鼓励当事人持续多做。如果是尝试过但无效的行为，就停止不做。所以，当现况无法继续推进时，就多尝试做些不一样的行动吧！当我们尝试越多对解决问题可能会有帮助的行为后，能帮助解决问题的行为自然就会浮现出来。

焦点解决鼓励小的改变，只要是有效的行为，无论大或小，都可以持续做。这句话是我上课时送给大家的："每天都有小改变，累积小变成大变。"我们要肯定、赞赏与协助当事人看到自己所创造的小改变，让他能持续促进小改变发生。而当这个人有了小改变，便会影响到他在生活和工作上相关的人、事、物，整个"周边系统"也会跟着发生连带改变。

有时，就是因为有人开始做出改变，他的态度、情绪、感觉和行为，都会影响周围的人，然后改变就会开始在这个团体中发生。不管是

家庭中、组织单位中、朋友或社群中，都是如此。

那么，该如何让对方开始有些小改变呢？你可以问他："如果今天可以做一个小改变，是对这个情况有帮助的，那会是什么？"让对方自己去找出可以改变的小地方，就从那一小步开始行动。

焦点解决式目标设定

通过焦点解决式目标设定，协助当事人设定正向、具体、感兴趣且适合的目标。可通过下列问题进行提问：

如果你可以立刻做一些改变，而且对你而言是最有帮助的改变，那会是什么？

你最关心的事情是什么？

你最希望达到的目标是什么？

如果这些希望实现了，生活会变成什么样子？

哪些已经在做或是过去做过的事，有助于达成这个目标？

怎么知道自己已经开始迈向成功？

当你朝着目标前进时，现在可以立刻做的是什么事？

运用魔法般的奇迹问句，跳脱局限，开创可能

在工作和生活中，当我们觉得被问题卡住时，往往已经尝试过很多方法。既定环境中的人、事、物，早已把我们局限

住，让我们动弹不得。这时候可以用假设已经解决时会怎么样，来找出可能有用的发展方向。

譬如，新来的主管给太多工作，让员工得每天加班，没办法照顾到家庭。尝试了很多方法，还是不容易提早下班。这时便可以问那位员工："如果有一种神奇魔法，让你可以早点下班，你觉得可能会发生什么情况?"因为是魔法，所以原本有些环境中限制住我们的人、事、物，会先被排除，比较可能去想象可以发生些什么，然后再回来看怎么做。当可能性增多时，解决的办法就隐藏在其中了，这就是所谓的奇迹问句。奇迹问句有很多类型，举出几种特别有效的作为参考。

○ **标准版奇迹问句**

这是最常使用的形式："假如有奇迹发生，你期望会是什么?""如果有一种魔法，可以让你的愿望实现，那会是什么样子?"

让当事人试着具体描述看到的画面、情境、感受。譬如和人互动时的变化、和家人或朋友相处时的变化、环境的转变、心态的转变等。这些都会在当事人心中塑造出各种丰富的可能性，是他原本不敢去想或觉得不可能达到的。

○ **明日的奇迹问句**

有时候因为现实太沉重，要想象最后的成果是奇迹，与现况差距太大，当事人可能不容易想象。那就先限定一个小范围，譬如："如果今晚有奇迹发生，虽然没有办法完全解决问题，但是生活可以开始有一点变化，你觉得明天会有什么地方开始有些不一样，让你知道改变已经开始？"让当事人想象因为有奇迹，所以可能会有一点点不同，那会是什么？

○ 为了彼此的奇迹问句

有时候当事人的问题，是两个人之间的关系，不能让当事人只是一味期待对方改变，而是要照顾到两者的角度，改变才有可能发生。所以可以问："想象今晚有奇迹发生，对你和配偶都会是很棒的变化，那是什么？你会注意到什么已经开始改变？"这样才能兼顾到双方的需求，而不是只有一方片面期待。这在冲突的关系中，尤其重要。

在这里要注意的是，运用奇迹问句时，要尽可能让当事人仔细描述具体的生活状况，包含可视化、听觉化、触觉化等次感元的想象，这样能强化和加深"未来可能性"对当事人的影响。这也是"自我预言实现法"的一种应用。

▲图 5-10
善用"奇迹问句"，能协助我们跳脱局限，创造新的可能

第七节

阿德勒心理学与重构生命风格

阿德勒学派主要谈一个人的生命风格和人生目标。要面对真实的人生挑战，需要培养并锻炼我们的勇气。生命早期的经验，则影响着我们如何应对这些挑战。

自从《被讨厌的勇气》出版之后，阿德勒心理学便开始成为知名的心理学派，而引起许多关注。

阿德勒（Alfred Adler）认为有心理问题与神经症状的人不只是一个患者，而是一个有自己独特性、自主性、创造性，有自己完整一致的生命风格和目标的人。了解一个人，不能只从片段式的行为判断，而要从他所追求的优越目标来看，从他的身体、心理与人格的整体面貌来看。

一个人的生命风格泛指他的人格、独有的世界观、创造力、面对人生和生命问题的方式，就像是一张隐形地图，人生目标和达到目标的途径，会以一种完整一致的方式呈现出来。

人的行为是未来导向，朝向目标前进。而这个目标是潜意识设定的，一个人虽然表面上知道自己在做什么，但其实很少了解自己行为的目的和自己为何会有这些想法、情绪和行为。

阿德勒重视人和周围社会情境的关系，强调人生有三大任务：工作、友谊、亲密关系。而父母能给儿女最好的礼物，是克服困难的勇气——能接纳自己现在的不完美，然后全心面对外在挑战，也勇敢面对可能的失败；而非因为恐惧失败，而焦虑与担心，躲在虚构的优越感中，不敢面对人生任务。

在孩子成长过程中，必定会经历自卑感（相较于大人的成熟，幼儿相对弱势，会感觉到渺小、无能）。而经历自卑感后，才会滋生出成长、学习、想要完成某件事情的渴望与志气，这是一种正向的、追求补偿的行为。若过度保护、所有事情都有人代劳，就剥夺了孩子付出努力与行动、进而克服自卑的机会。

当然，需要注意的是，若孩子经常性受挫，而且不被接纳，自信就可能受打击，而采取负向的过度补偿，追求另一种极端行为。深层的自卑感，往往因为太痛苦而被隐藏，这一点是需要敏感度来觉察和解决的。

而面对自卑感，孩子也会设定一个什么是好、什么是优秀、怎么样才会被喜欢的虚构目标，是一种独特而理想化的自己，从而形成自己的优越感。追求优越感，是行为背后的驱动力，但若因为太自卑，而设定一个过于难、过于理想化的优越目标，就容易导致神经症状的发生，以保护自己，活在虚假的优越感中。

在当今教育中，小学到初中是很关键的阶段，如何让孩子培养出自信与面对困难的决心和勇气，是很重要的。

而因为生命早期对人有很深的潜在影响，所以阿德勒学派对于早期回忆的搜集与整理是很重视的，运用早年回忆，不是为了找到联结，而是去探究一个人怎么理解困境、如何面对困境、如何回应自己的人生课题。通常一个人当前面对困境的模式，和早年的生命风格是一致的，而好消息是，当你能觉察过去对你的影响，让深层的影响力浮现，你就有机会能接受并转化，重新赋予新的应对方式。请相信，人拥有无限的潜力，可以重新选择与诠释过往经验对自己的影响。而在早期回忆中，引导式想象的引导技巧，则是很常用的方法，其中也包含隐喻与对梦的解析。

阿德勒心理学也是一门探究潜意识心理活动的深度心理学。

故事即人生，阿德勒心理学通过探索每个人自己所说的过往故事，拓展故事的脉络，重新解构与重新建构一个人的生命风格，以达到治疗的效果。

锻炼正念觉察，
帮助你拥有应对挑战的定力

我们在第四章中，谈到现代人应对工作挑战，往往累积很多压力与情绪，不一定能很有效地消化掉。因此，也会产生各种譬如抱怨、生气、沮丧、失落、无力等衍生的情绪。当你希望自己可以有稳定的情绪时，正念呼吸觉察练习，就是一个很重要且有帮助的系统方法。

有益身心的正念呼吸与觉察

正念呼吸与觉察，能帮助每个人调整好自己的身心状态，觉察与接纳当下自己的念头、情绪、感受。对于现在工作忙碌、身心压力巨大的人来说，都会很有帮助。只要常常练习，每天坚持10分钟就能感受到正念冥想的效果。

听到正念，很多人以为是要我们正向思考，其实不是。正念指的是通过有意识的觉察，去发现自己每个当下的内外在刺激，并以接纳与不批判的态度，体会此时此刻的经验。在日常生活中，多数时候，人们会不断地回应内外在情境，同时会很快判断是否喜欢或厌恶正发生的事，或是刻意或不经意地忽视。

正念本身是起源于禅修的概念方法，再由西方心理治疗学者卡巴金（Kabat-Zinn）等人结合医学与心理治疗理论，而发展出的正念减压疗法和正念认知疗法。它虽然起源于禅修，但现在已经演变成人人都可以运用的方法。后来，正念开始被运用在医学中心的减压门诊和减压疗程中，协助各种不同心理疾病患者改善自己身心状态。从抑郁、焦虑、降低疼痛等方面，推广到一般人的身心健康培训和企业员工的压力与情绪调适。

我曾经看过一篇抑郁症患者的正念训练效果临床研究文章：即使只是每次10分钟，每天一次，持续一周的正念扫描练习，都能有效降低自杀风险或焦虑程度（Tai，Yang，Cheng，2018）。而我也将正念练习放在对企业员工的训练中，帮助员工进行正向心理资本提升，也会间接促进他们对工作的投入度和认同度。通过持续练习正念呼吸、正念行走、正念饮食和正念空间等，在面对客户、遇到挫折或挑战时，他们就能很自然地运用正念呼吸，改善自己和身边人沟通时的情绪反应。

正念可以怎么练习呢？

首先，最基本的，可以在家里或办公室先找一个安静空间，让自己上半身挺直，保持舒服的坐姿（若能盘腿是最好的）。然后闭上眼睛，把注意力放在自己的呼吸上。保持清醒与对自己的觉知，觉察呼吸间身体的感受、念头或心情。不管当下浮现出什么念头、心情或感觉，都要静静地观照和观察，接受体验到的一切念头、情绪、感受，不批判，不努力，接纳一切，放下执着。

练习过正念呼吸后，可以开始做正念扫描。就是边进行正念呼吸，边把注意力很细致地从头顶、额头、脸、脖子、肩膀、手臂、手肘、手指、胸口、腹部、背部、腰、臀部、大腿、膝盖、小腿到脚踝、脚掌，逐一觉察每个部位的感觉，搭配呼吸来练习。正念练习就像健身，若可以尽量每天练习，即使10分钟，效果也会很好。等你熟练后，再慢慢增加练习时间。

希望正念能成为帮助你稳定情绪、调适压力的好方法。

心理学真好用

作者 _ 洪震宇 Ryan

产品经理 _ 王宇晴　　装帧设计 _ 肖雯　　产品总监 _ 何娜　　技术编辑 _ 顾逸飞

责任印制 _ 刘淼　　出品人 _ 王誉

营销团队 _ 毛婷 孙烨　　物料设计 _ 肖雯

果麦

www.guomai.cc

以 微 小 的 力 量 推 动 文 明

图书在版编目（CIP）数据

心理学真好用 / 洪震宇著. -- 成都：四川文艺出版社，2022.8

ISBN 978-7-5411-6370-8

Ⅰ.①心… Ⅱ.①洪… Ⅲ.①心理学—通俗读物 Ⅳ.① B84-49

中国版本图书馆 CIP 数据核字 (2022) 第 080895 号

本书由我识出版社有限公司（台湾），通过果麦文化传媒股份有限公司代理，授权四川文艺出版社在中国大陆地区以简体字出版发行《我的第一本图解心理学》（畅销增修版），洪震宇 Ryan 著，2021 年，初版，ISBN：978-986-06368-2-6

著作权合同登记号 图进字: 21-2022-226 号

XINLIXUE ZHEN HAOYONG

心理学真好用

洪震宇 Ryan 著

出 品 人	张庆宁
责任编辑	陈雪媛
装帧设计	肖　雯
责任校对	段　敏
出版发行	四川文艺出版社（成都市锦江区三色路 238 号）
网　　址	www.scwys.com
电　　话	021-64386496（发行部）　028-86361781（编辑部）
印　　刷	北京盛通印刷股份有限公司
成品尺寸	145mm×210mm
开　　本	32 开
印　　张	8
字　　数	220 千
印　　数	1—8,000
版　　次	2022 年 8 月第一版
印　　次	2022 年 8 月第一次印刷
书　　号	ISBN 978-7-5411-6370-8
定　　价	49.80 元